U0506224

文
景

Horizon

故宫里的神兽

周乾 著

上海人民出版社

序

作为故宫学重要研究领域的故宫古建筑，其包含的内容博大精深，神兽即为其中之一。故宫博物院研究馆员周乾的《故宫里的神兽》，就是专讲故宫建筑神兽的历史文化读本。

公众来故宫参观，可以看到神兽造型出现在古建筑的各个位置：从地面到台基、从门窗到顶棚、从檩枋到屋顶、从殿内到殿外，几乎无处不在。这些神兽是从哪里来的，在不同历史阶段有着何种造型，为什么要用于紫禁城（故宫）的特定位置，与帝王是否有着千丝万缕的联系，有何种文化特征及特定含义？上述问题都是公众普遍关心并且需要了解的。本书作者基于丰富的史料和现场考证，采用深入浅出的语言，解读了这些神兽的历史文化内涵。

与市场上已有的故宫神兽类书籍相比，本书特色主要体现在以下三个方面。

首先，本书汇聚了故宫内与古建筑有关的神兽共计53种，数量丰富，并且按照帝王所期待的功能，对这些神兽进行了分类。如有加强政权寓意的龙、犼、凤、乌鸦、鹤、甪端等；有消灾寓意的狮子、獬豸、海底异兽、屋顶神兽等；有纳福寓意的鹿、麒麟、象、鳌、御花园石子路面与灵沼轩墙体上的吉祥动物等；充当宠物的猫、狗、蟋蟀、鸽子等。

其次，本书内容比较全面，不限定于对神兽本身的功能介绍，而且包含了历史、文化、艺术、科学等方面的论述。

历史方面，如“故宫中的龙生九子”这部分，对历史上不同时期“龙生九子”的说法进行了概括，包括陆容的“异兽论”，李东阳、杨慎、陈耀文不同版本的“龙生九子”等。

文化方面，如“太和门前铜狮”这部分，解读了狮子的镇宅文化：狮子是佛的化身，释迦牟尼说法都是“狮子吼”，可以驱赶邪恶，带来光明；狮子佩戴的铜铃和璎珞在佛教中均有驱邪护法的作用；狮子被古人认为是“百兽之王”，各种恶兽不敢靠近等。

艺术方面，如“蚣蝮与趴蝮”这部分，解读了蚣蝮造型的建筑艺术：其外观与紫禁城其他龙既有相似之处，又有一定区别；其龙角、龙眼、龙须、龙嘴等部位纹路清晰，凸凹有致，给人栩栩如生、呼之欲出的感觉；其整体造型的凸凹之美，使得台基更加壮观。

科学方面，如“透风上的吉祥动物”这部分，在介绍透风上神兽造型之前，对透风的功能进行了科普：在木柱与墙体相交的位置附近，安放一上一下两个透风，使得墙体内的木柱在上下方向都能空气流通，避免木柱出现糟朽问题。

其三，本书论证严谨，不“人云亦云”，客观解读故宫神兽的历史文化内涵。

比如故宫里为什么有很多乌鸦，有网友因乌鸦形象而产生了不好的想法。本书基于丰富的史料，分析了乌鸦与满族祖先的原始崇拜的渊源，将其解读为清宫遗留的“神鸟”，是清朝满族统治者巩固政权的重要手段。

又如慈宁门前的麒麟，有网友认为这是寓意“麒麟送子”。本书基于慈宁宫的建筑用途，结合麒麟造型在历史上的多种功能，分析认为：慈宁宫作为皇太后、太妃等皇家女性长辈颐养天年的地方，大门外置麒麟，是皇帝们对母辈优秀品德的赞美方式，亦为皇帝敬老养老美德的反映。

把读全书，深感其语言生动，图文并茂，内容有趣，细节突出，知识点精彩，为老少皆宜的读物。本书不仅丰富了故宫学的历史文化内涵，而且对于弘扬与传承中华优秀传统文化，起到了积极的推动作用。

郑欣淼

2024年5月21日

郑欣淼："故宫学"首倡者，曾任文化部副部长兼故宫博物院院长。

目 录

第 1 章　强政神兽

第 2 章　消灾神兽

第 3 章　纳福神兽

第 4 章　宠物神兽

第1章

强政神兽

所谓“强政神兽”，是指人们通常认为有助于巩固帝王统治地位的神兽。

在紫禁城内，龙是皇帝的代言，是皇权的象征；凤指代皇后，在慈禧时期也是她掌管权力的象征；犼是监督帝王勤政的神兽；鹤寓意帝王长寿及紫禁城建筑稳固长久；甪端是皇帝身边的“千里眼”；乌鸦则是清代满族统治者心中的神鸟，且与宫中满族官员萨满祭祀活动密切相关。这些神异动物富有政治性意涵，是封建王朝的统治象征。

龙

龙是我国古代神话中的动物，为中华民族的象征之一。古人通过各种与龙相关的活动，表达了对龙的敬仰崇拜及思想寄托，以求得一年风调雨顺、五谷丰登。龙亦为古代帝王尊崇。明清时期的故宫是帝王执政及生活的场所，在故宫中，龙的形象几乎无处不在。

孔雀羽穿珠彩绣云龙吉服袍
龙是封建皇族专属的服饰纹样。对照清代宫廷中帝王冠服格式所规定，此袍为“吉服”，绣有龙九条，九是最大的极数，也是皇族最高地位的象征。

古人认为，龙具有上天潜渊、呼风唤雨、无所不能的本领，是某种超自然力量的化身，因此在华夏历史上，龙自古就是帝王的象征。作为明清时期二十几位皇帝执政和生活的场所，故宫的建筑里处处都有龙的形象。屋顶上的琉璃瓦、天花和藻井、门窗的包叶、殿外的御道、台基的栏杆、影壁等构件都有着形态各异、大小不同的龙的形象；建筑的内外檐彩画有升龙、降龙、坐龙、行龙等各种龙纹图案；皇帝宝座、屏风、香炉等陈设上亦有多种式样的龙纹。

《人物御龙图》为帛画，出土于长沙子弹库楚墓一号墓穴，当时平放在椁盖板与棺材之间，现收藏于湖南博物院。此画描绘的是墓主人乘龙升天的情景。画面正中绘有一男子，侧身直立，腰佩长剑，手执缰绳，驾驭着一条升天巨龙。此巨龙的龙头高昂，龙身平伏，龙尾曲翘，不失威武之状。龙尾上部站立有一只鹭，圆目长喙，顶有翰毛，仰首向天，神态潇洒自然。

（战国）湖南博物院藏《人物御龙图》帛画

故宫九龙壁

九龙壁属于影壁的一种。影壁也称照壁，古称萧墙，是我国传统建筑中用于遮挡视线的墙壁，位置一般在建筑的大门外或大门内。从风水学来看，古人认为邪气、煞气通常都是直来直去的，在院门设置影壁，可以挡住不利气场。另外，影壁还可遮挡住外人的视线，即使建筑大门敞开，外人也看不到宅内，有利于遮蔽和保护隐私。

故宫九龙壁位于紫禁城宁寿宫区皇极门外，是一座背倚宫墙而建的单面琉璃影壁，为乾隆三十七年（1772）改建宁寿宫时烧造。传说乾隆对北海九龙壁欣赏有加，便命令工匠仿照其形状，在皇极门外修建了这座照壁，以便退休后欣赏。故宫九龙壁长29.47米，高3.59米，厚0.45米，虽然是北海九龙壁的仿制品，但工艺更为精细，色泽华美，在造型艺术上有了很大的发展。

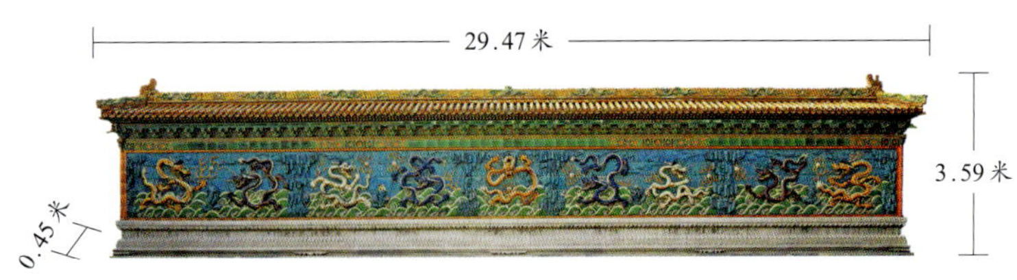

故宫九龙壁

九龙壁的塑面共由270个塑块拼接而成。琉璃壁面共分为九龙、山石、云气和海水四层塑体，花纹复杂，工艺难度很大。每两条龙之间有一组凸出雕刻的山石，将九龙做灵活的区隔。每条龙的足下有起伏的海浪，使得九条龙互为关联，且增加了画面的完整性。浮雕的山石、云气，衬以孔雀蓝色的海水，形成烟云出没、幽深奥秘的意境。

北京北海九龙壁和山西大同九龙壁

北京北海九龙壁位于北海公园的北岸，与琼岛的白塔相对。该壁建于乾隆二十一年(1756)，长 25.52 米、高 5.96 米、厚 1.6 米。与故宫九龙壁不同，北海九龙壁南北两面各有九条龙。其主要原因在于，它虽然是寺庙的照壁，但是处于园林之中，两面都要观赏。龙鳍随龙身翻转，龙爪的骨骼结构被塑造得细致入微。

我国还有一座九龙壁位于山西大同，建于明代洪武末年，是明太祖朱元璋第十三子朱桂府前的照壁。壁长 45.5 米、高 8 米、厚 2 米。这是中国现存规模最大、建筑年代最早的一座龙壁，堪称中国九龙壁之首。

山西大同九龙壁
因为朱桂为代王，大同九龙壁龙爪的规制只能为四爪。

北京北海公园九龙壁
北海九龙壁和故宫九龙壁上的龙为五爪龙，彰显了皇帝的权威和尊贵。

紫禁城的九龙壁具有非凡的建筑艺术特色。壁上部为黄琉璃瓦庑殿式顶，檐下为仿木结构的椽、檩、斗栱。壁面以云水为底纹，分饰蓝、绿两色，烘托出水天相连的磅礴气势。下部为汉白玉石须弥座，端庄凝重。壁上面的九龙分为正龙、升龙、降龙三种。九龙翻腾自如，神态各异。九条龙均以高浮雕手法制成，最高部位凸出壁面20厘米，形成栩栩如生的立体感。全幅壁面以海水为衬景，海面上浮现正在戏珠的九条巨龙。

1 故宫九龙壁正龙

正中间的龙是黄龙，前爪作环抱状，后爪分撅海水，龙身环曲，将火焰宝珠托于头下，瞠目张颔，威风凛然。

1

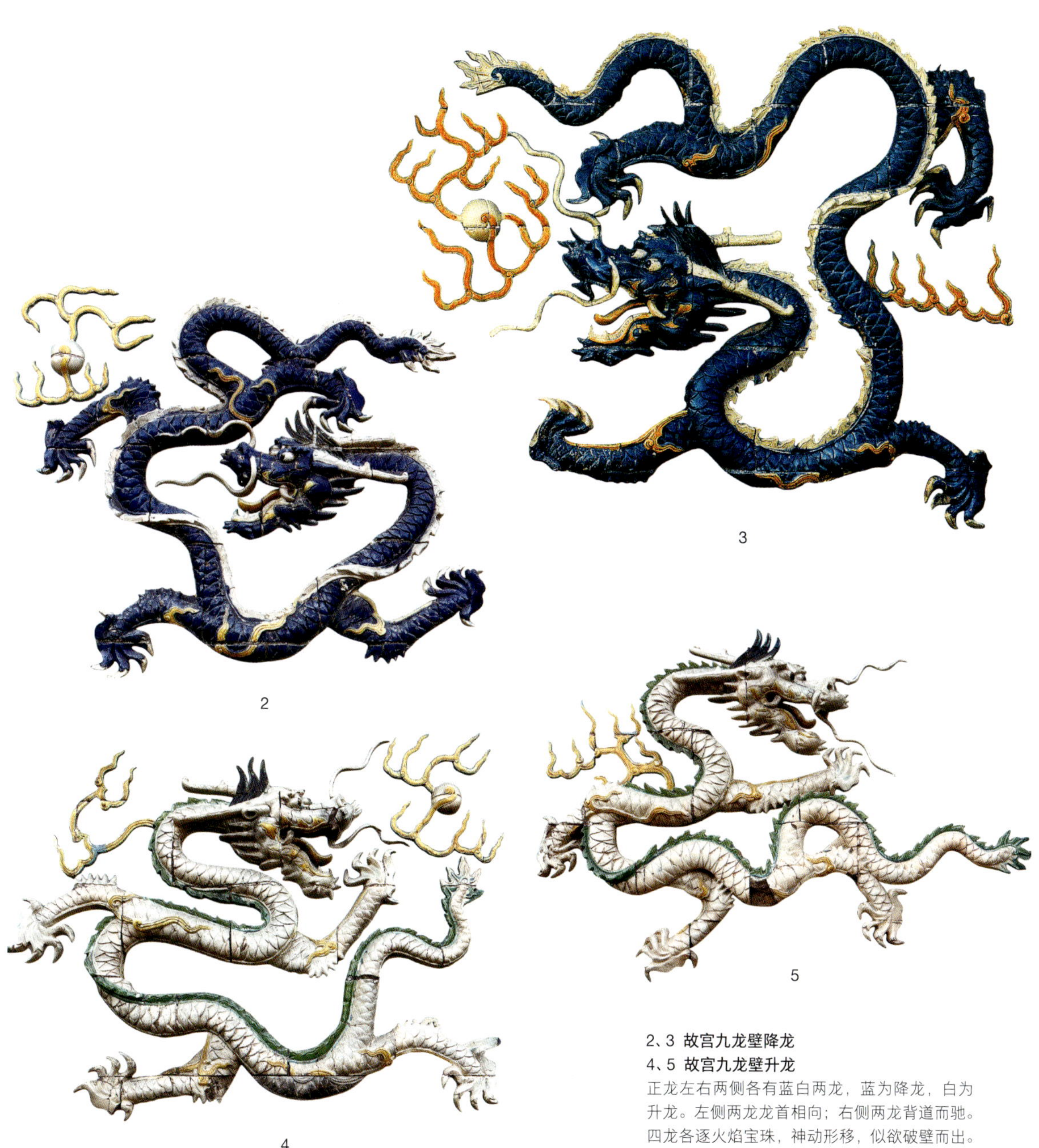

2、3 故宫九龙壁降龙
4、5 故宫九龙壁升龙
正龙左右两侧各有蓝白两龙，蓝为降龙，白为升龙。左侧两龙龙首相向；右侧两龙背道而驰。四龙各逐火焰宝珠，神动形移，似欲破壁而出。

九五至尊 不论从左数还是从右数，中间的那条黄龙永远是第五条，而九龙的“九”是《周易》里的极阳数，代表帝王。因此，九和五合在一起，正是“九五至尊”的象征。我国古人把单数称为“阳数”，双数称为“阴数”。而阳数中，“九”是最大的阳数，寓意数量最多；“五”为居中的阳数，寓意包含东、西、南、北、中的全部空间。九、五的组合，形成具有特定含义的标记，寓意帝王权威的至高性。

故宫九龙壁汉白玉石须弥座

九龙壁的制作

九龙壁的制作过程比烧制琉璃瓦更加复杂，技师们首先需要将图纸分解成一片片的方砖，明确所需不同颜色方砖的数量，然后再对各种颜色进行配釉、烧造，待琉璃方砖出窑后再按照图纸逐块对缝拼接。

民间传言，故宫九龙壁从东数第三条白龙的腹部，是用木料雕凿成型后钉上去的。是因为烧制这块琉璃砖时，一个工匠不小心把它打碎了，而要在短时间内找到一块完好的替代品是不可能的事，这在当时可是杀头的罪过。正在大家不知所措的时候，领工马德春急中生智，连夜用一块楠木雕刻成龙腹的形状，代替琉璃构件安装到白龙腹部，然后再刷上白色的油漆。果然乾隆帝并未发现这里的差异，而是对工匠们大加赞赏。工匠们也因此躲过了一场杀身之祸。随着岁月的侵蚀，木料上的油漆剥落了，人们才发现这里原来是由一块木料制成的。

6

7

8

9

6、7 故宫九龙壁降龙，8、9 故宫九龙壁升龙
最外侧双龙，为一紫一黄，紫为降龙，黄为升龙。左侧两龙龙首相向，紫龙左爪下按，右爪上抬，龙尾前甩；黄龙挺胸缩颈，上爪分张左右，下肢前突后伸。右侧两龙同向逐珠，紫龙昂首收腹，前爪击浪，风姿雄健；黄龙鼓眼努睛，倒海前行，英姿威武。

作为神化灵兽，龙的各部位都有特定的寓意：突起的前额表示聪明智慧，鹿角表示社稷和长寿，牛耳寓意名列魁首，虎眼表现威严，鹰爪表现勇猛，剑眉象征英武，狮鼻象征宝贵，金鱼尾象征灵活，马齿象征勤劳和善良等。同时，龙具有在天腾云驾雾、下海追波逐浪、在人间呼风唤雨的无比神通，因而成为皇权和尊贵的象征。

太和殿里的龙

作为故宫核心建筑的太和殿，装饰有一万多条龙，反映了帝王对龙的崇拜，以及通过龙来巩固政权的意愿。金柱、宝座、藻井、彩画等部位，均有造型各异的龙。

◎ 蟠龙金柱

在古建筑领域，室内的立柱一般被称为“金柱”。太和殿宝座的两侧有六根金柱。每根金柱上均有一条体形硕大的蟠龙造型。

蟠龙即蛰伏在地而未升天之龙，造型为盘曲环绕状。此龙尾巴在下，周身缠绕立柱，蜿蜒盘曲而上，龙头上仰，注视上方，双眼锐利有神。龙尾下方为寿山福海纹饰，龙身周边为飘浮的祥云环绕。此巨龙造型威武，张牙舞爪的形象刻画得栩栩如生。立柱上的各个纹饰均线条分明，凸凹相间，视觉效果极为震撼。

太和殿内

这六根金柱并非黄金铸成的，而是和其他立柱一样，均属大木构件。与其他立柱表面饰朱红油饰不同，这六根蟠龙金柱表面各包镶一层黄金，黄金面层的金龙纹饰则由沥粉贴金工艺制成。

沥粉贴金 用石粉加水胶调成膏状材料，再将材料灌入皮囊内；皮囊一端安装一个金属导管，另一端密封；用手挤压皮囊，从导管内排出材料，附在立柱表面，即形成流畅、鼓起的线条，然后用金箔（真实的金子压成薄片）贴在隆起的表面，呈现出呼之欲出的蟠龙造型。

太和殿内蟠龙金柱

◎ 宝座

太和殿内正中，陈设着一髹金漆云龙纹宝座。这是故宫现存等级最高、做工最讲究、装饰最华贵、雕镂最精美的宝座。宝座为明朝嘉靖年间制作，材料为楠木。13条金龙分别盘绕于椅背上，形态各异。

其中，搭脑（椅背顶部横木）正中为一条昂首挺立的坐龙，两侧各做成龙躯形；四根圆柱形椅柱各有多条蟠龙缠绕，做蜿蜒擎空之势。龙纹宝座肃穆威严，彰显皇权气质。此外，宝座下方束腰处四面开光，透雕双龙戏珠图案，尽显大气奢华之美。宝座周身雕龙髹金，在装饰上神圣化。

太和殿金龙宝座

髹金漆工艺 用足大赤金在广胶水中研细后，去胶晾干、晒成粉末，再用丝绵扫到打好金胶的宝座上，然后罩一层清漆（透明漆）。太和殿宝座工料精良，金龙造型虽历经年代长久，但依旧华灿生辉。

太和殿宝座龙头

太和殿蟠龙藻井（右图）及局部（上图）

◎ 藻井

太和殿内宝座上方有藻井，全称为“龙凤角蝉云龙随瓣枋套方八角浑金蟠龙藻井”，象征皇权的威严及皇帝的正统性。

藻井顶部中心，有口含轩辕镜的蟠龙造型，辅以如意云纹饰。此蟠龙身体盘曲，曲颈挺胸，双目圆瞪，触须横伸，张牙舞爪，气势磅礴，呼之欲出，极具威严和震慑之感。

从雕刻技法角度而言，蟠龙造型采用了多层镂雕（全方位雕刻，如龙头）、透雕（正面或正反两面雕刻，如龙须）、浮雕（平面上雕出凸起的艺术形象，如龙身）、阴刻（将图案刻成凹形，如龙鳞）等雕刻技

法。其手法精美绝伦，线条细腻流畅，工艺精湛大气，纹饰疏密有致、繁而不乱，变化中显统一，尽显奢华之美，体现了我国古代工匠精湛的雕刻技艺。

◎ 金龙和玺彩画

太和殿内的檐彩画样式为金龙和玺彩画，这种彩画是清代等级最高的彩画类型，多用于故宫内重要的建筑。其构图最大的特点是枋心、藻头等部位均绘有龙纹。

和玺彩画的枋心上绘制的是摇头摆尾的行龙，四爪游行于祥云中，身形前向蜿蜒，似乎在追逐前方的火珠。藻头的部位绘制的是升龙和降龙纹，升龙头部在上，整体呈上升状态；降龙头部在下，呈下降状态，二者均上下盘曲，龙爪四向伸展，双目正视火珠，端庄中极显威武。坐斗枋绘有连绵不断的行龙逐珠纹，以凸显皇家建筑的身份与地位。需要说明的是，太和殿金龙和玺彩画大面积使用了沥粉贴金工艺。

太和殿内额枋金龙和玺彩画

故宫古建筑彩画有着各种形式的龙纹，可见于和玺彩画及旋子彩画。龙纹的表现形式主要有坐龙、行龙、升龙、降龙、云龙、夔龙（草龙）等。

行龙

四爪呈行走状，身体为侧面，龙头前置火珠，视线紧盯火珠。行龙的姿势为缓缓行走状，整条龙为水平状态的正侧面。行龙常常作双双相对的装饰，构成双龙戏珠的画面；若以单相出现时，龙的头部则常为回头状，使画面更显生动。双龙戏珠是两条龙戏耍（或抢夺）一颗火珠的表现形式。双龙的形制以装饰的面积而定，倘是长条形的，两条龙便对称状地设在左右两边，呈行龙姿态；倘是正方形或是圆形的，两条龙则是上下对角排列，上为降龙，下为升龙。不管是何种排列，火珠均在中间，显示出活泼生动的气势。

升龙

升龙头部在身和尾部的上方，目视火珠，整体呈上升状态。龙头往左上方飞升，称“左侧升龙”，龙头往右上方飞升，称“右侧升龙”。升龙又有缓急之分，升起较缓者，称“缓升龙”，升起较急者，称“急升龙”。

清代官式彩画中的龙纹饰有两种，即真龙和夔龙。真龙就是龙的身体有清晰的头、腿、爪、尾、鳞片等纹饰。所谓的夔龙就是指龙的身体不是写实的龙身，而是由卷草形状构成抽象的龙纹饰，也叫作草龙。夔龙头部有明显的龙头特征，而身、尾及四肢都成了卷草图案，整体往往呈现出“S”形的主姿态，并将S形继续延伸，产生一种连绵不断、轮回永生的艺术效果。

夔龙（橙黄色部分）花卉枋心雅五墨旋子彩画

云龙
泛指奔腾在云雾中的龙。龙和云是结合在一起的，云是产生龙的基础，而龙嘘出的气又成了云。有一种图案叫“云龙纹”，是云和龙的共同体，即将龙的头、尾、脚“打散”，又和抽象的云融汇在一起，显示出一种似云非云、似龙非龙的神秘图案。这种抽象化的组合加强了纹样的装饰性。

坐龙
以其作蹲坐之态而得名，常见于古建筑和玺彩画的箍头。坐龙图案一般以团龙的形式出现，所谓团龙，就是指整条龙盘踞为团形，一般居于装饰物的核心位置，起到统一全局的作用。龙头傲视前方，龙身与云雾盘踞成“S”形，龙尾位于龙的左方，与龙首平齐。此龙纹构图是所有龙纹中最端正、最不偏不倚的，一般只用在最显要的位置

降龙
降龙的头部在下方，呈下降的动势。倘若龙头往左下方下降，称“左侧降龙”，龙头往右下方下降，称“右侧降龙”。降龙又有缓急之分，下降较缓者，称“缓降龙”。降龙与升龙常常结合在一起，构成正方或长方的双龙戏珠画面，非常生动。有时，头部在下的降龙又作往上的动势，称为“倒挂龙”或“回升龙”。也有时，头部在上的升龙又作往下的动势，称为“回降龙”。

故宫中的龙生九子

“龙生九子，各个不同”，故宫内有多种形象的龙，很容易使人联想到“龙生九子”的古代传说。“龙生九子”的说法在汉代就出现了，随后历代多有不同版本，而在明代弘治年后，被正式载入了内阁首辅李东阳所撰《怀麓堂集》中。

在不同版本的“龙生九子”中，九种异兽的种类有所不同，但也有一定的规律可循。遍布故宫的异兽数不胜数，其中一些形象呼应了不同版本的“龙生九子”传说，可视作“故宫中的龙生九子”。

“龙生九子”

据《怀麓堂集》卷七十二文后稿十二“记龙生九子”记载：明孝宗朱祐樘曾听说过“龙生九子”传说，于是在朝廷中问李东阳，“龙生九子”到底是哪九子？李东阳依稀记得少年时在一些书中见过龙的“九子”称谓，但又想不起来。他问了几个手下官员，亦不能获知。情急之下，李东阳“拼凑”了个“龙生九子”，并将其写入书中。

西汉刘歆的《西京杂记》、南朝宋范晔的《后汉书》、北宋陆佃的《增修埤雅广要》，都提到了类似“龙生九子”的故事，虽然各不相同，但都可视为李东阳“龙生九子”传说的雏形。明代陆容在《菽园杂记》中提到了器物上的九种异兽，李东阳很有可能参考了陆容的“异兽论”。除此之外，还有明代杨慎、明代陈耀文等多个版本的“龙生九子”。

陆容“异兽论”
赑屃、螭吻、徒（蒲）牢、宪章、饕餮、蟋蜴、螭蛇、螭虎、金猊
李东阳“龙生九子”
囚牛、睚眦、嘲风、蒲牢、狻猊、霸下、狴犴、赑屃、蚩吻。
杨慎“龙生九子”
赑屃、螭吻、蒲牢、狴犴、饕餮、蚣蝮、睚眦、金猊、椒图。
陈耀文“龙生九子”
赑屃、螭吻、蒲牢、狴犴、饕餮、蚣蝮、睚眦、金猊、椒图。

镈钟上的囚牛纹

此镈钟形制如编钟，只是口缘平，器形巨大，有钮、可特悬（单独悬挂）在钟悬上，而钟悬两端的龙头纹，其造型可认为是囚牛。镈钟为中和韶乐乐器之一，通常在重大典礼之日摆放、演奏。

◎ 囚牛

传说囚牛是众多龙子中性情最温顺的，它不嗜杀、不逞狠，专好音律。龙头蛇身的它耳音奇好，能辨万物声音，常常蹲在琴头上欣赏音乐，因此琴头上经常刻有它的雕像。

镈钟

铜鎏金材质，像钟，但为平口且为独用，为大型打击乐器。镈钟系“特悬”，即一圜镈钟独用一套架座悬挂。钟的架座称为簨簴（sǔn jù），簨指横梁，簴指立柱，皆涂金漆，上簨雕龙首、植金鸾，鸾与龙首均衔五彩流苏，左右两簴承以五彩伏狮。镈钟每套十二圜，以对应十二律和一年十二个月（闰月以交节为界，交节前沿用上一个月的乐律，交节后用下一个月的乐律），以钟体大小调节音高，钟愈大发音愈低。依照传统，冬至节所在的农历十一月用黄钟律，十二月用大吕律，正月用太簇律，二月用夹钟律，以此类推，至十月用应钟律。作乐时，一句歌词开唱前，先击镈钟一声，以宣其声；将唱完时，再击特磬一声，以收其韵，即孟子所谓“金声玉振”。

睚眦的本意是怒目而视，西汉史学家司马迁撰写的《史记》卷七十九载有“一饭之德必偿，睚眦之怨必报”，意思是一顿饭的恩德也一定要报答，再小的仇恨也一定要报复。报复则不免腥杀。后来“龙生九子”中的睚眦发展为睚眦纹，成为护卫古代帝王克杀敌对者的镇物。

◎ 睚眦

老二睚眦，平生好斗喜杀，其性格刚烈、好勇善斗、嗜血嗜杀，而且总是嘴衔宝剑，怒目而视，刻镂于刀环、剑柄吞口，以增加自身的强大威力。

故宫博物院藏铁柄鲨鱼皮鞘辅德剑

钢质剑身，刃锋，剑身底部一面鋄金横为“地字八号”，纵为“辅德”；另一面横为“乾隆年制”。剑身前后两面鋄金、银、铜丝云龙纹图案。

◎ 嘲风

老三嘲风，喜欢蹲坐在险要的位置，一般为屋角部位，且常常向远处张望。在我国民俗中，嘲风象征吉祥、美观和威严，而且还具有威慑妖魔、清除灾祸、辟邪安宅的作用。

嘲风
紫禁城宫殿建筑的角部都有形状各异的小兽，排在仙人指路后的第一个小兽就是嘲风，古人认为嘲风可以祛邪避灾。

◎ 蒲牢

老四蒲牢，是形似盘曲的龙，受击就会大声吼叫，充作洪钟提梁的兽钮，助其鸣声远扬，因而人们制造大钟时，会把蒲牢铸为钟纽。

神武门大钟上的蒲牢纹
神武门为故宫北门，旧设钟、鼓，由銮仪卫负责管理，钦天监指示更点，每日由博士一员轮值。每日黄昏后鸣钟108响，然后敲鼓起更。其后每更均打钟击鼓，启明时复鸣钟报晓。皇帝住宫内时则不鸣钟。此神武门大钟上的纽纹造型为蒲牢。

清代文人褚人获在其《坚瓠集》卷一中，转引了关于蒲牢的记载：原来蒲牢居住在海边，虽为龙子，却一向害怕庞然大物的鲸。当鲸一发起攻击，它就吓得大声吼叫。人们根据其“性好鸣”的特点，把蒲牢铸为钟纽，而把敲钟的木杵做成鲸的形状。敲钟时，让鲸一下又一下撞击蒲牢，使之响入云霄且“专声独远”。

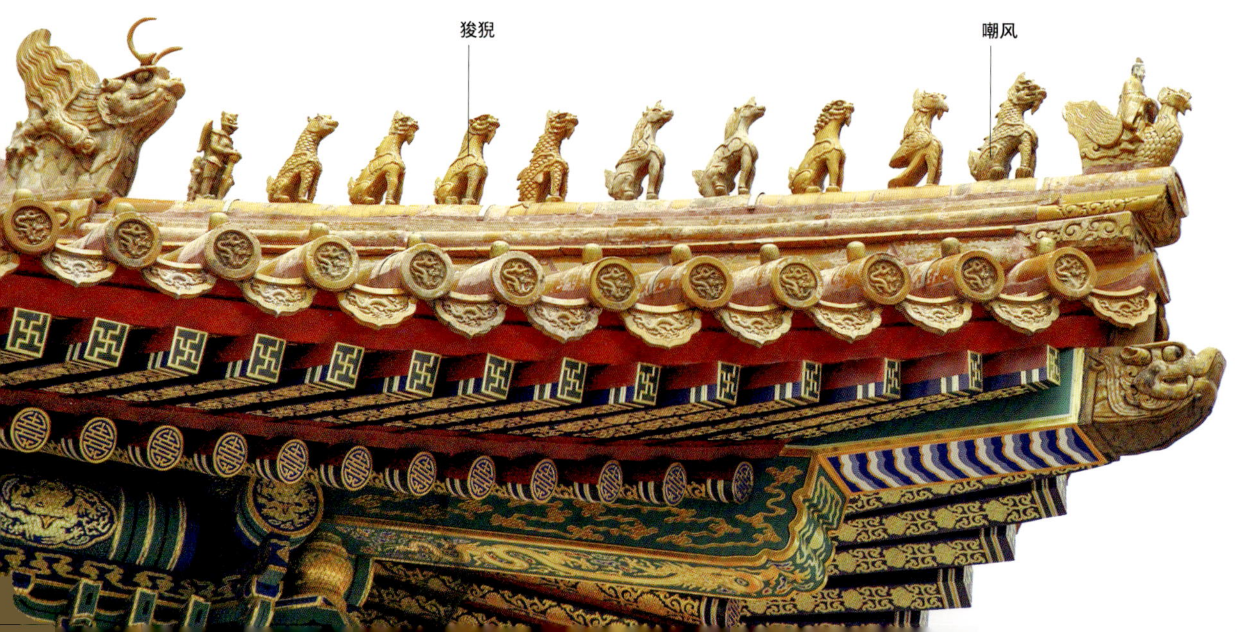

狻猊一词，较早出现在西周历史典籍《穆天子传》中，其卷一记载："名兽使足走千里，狻猊、野马走五百里。"晋郭璞注曰："狻猊，狮子。亦食虎豹。"

◎ 狻猊（suān ní）

老五狻猊，形状像狮子，喜欢静坐，也喜欢烟火。狻猊是与狮子同类、能食虎豹的猛兽，亦有威武百兽率从之意，常出现在建筑屋顶、佛教佛像、瓷器香炉上。

狻猊
狻猊常出现在紫禁城古建筑屋顶的小兽中。（故宫古建屋顶都有小兽排列，一般为单数，不包括仙人；小兽数目越多，则建筑等级越高。）

◎ 蚣蝮

老六蚣蝮，又名避水兽，好水但能够排水，主要原因在于它的肚子里能够盛放很多水，因而多用于建筑底部，作为排水神兽；或用于桥底，作为镇水兽。

慈宁门基座的蚣蝮
故宫部分古建筑台基的底部有蚣蝮头部造型。从外形来看，蚣蝮头部有点像龙，不过比龙头扁平些。

◎ 霸下

老七霸下，又名赑屃（bì xì），外形类似于鳌。鳌是古代传说中的大龟或大鳖，其造型在明代以前为龟形，明代起为头尾似龙，身似陆龟。鳌在古代神话中有补天的作用，此外，鳌本身的造型为圆背平腹，这与我国古人认为的“天圆地方”宇宙模型相似。鳌的造型与其特有的“神力”结合，成为古人期盼国泰民安的吉祥物。

南宋政治家王十朋等人所编《东坡诗集注》卷十七载有“女娲炼五色石补天，断鳌足以立四极”，意思就是女娲用五色石补天，用鳌足来顶天。鳌还有戴山之本领，先秦经典《列子》卷五载有“使巨鳌十五举首而戴之”，意思是北海之神禺强奉天帝之命，使用了十五只巨鳌来驮伏五座神山，三只鳌为一组，六万年换岗一次。

故宫太和殿前的霸下侧视图

其外形为龙头龟身，脖子微弯，身姿威武，寓意帝王江山永固。

◎ 椒图

故宫铜缸两侧椒图

铜器上的兽首装饰早在商周时期就出现了，如国家博物馆收藏的西周利簋，其双耳就是兽首造型。而故宫内铜缸两侧的椒图纹饰，为铜缸提环的装饰构件，通过龙的造型来反映其属于皇家建筑的特殊身份。

老八椒图，为龙首造型，性格沉闷保守，最反感别人进入它的巢穴，古人将它用在门上，除取“紧闭”之意外，还因其面目狰狞而负责看守门户，镇守邪妖。

寿安门上的椒图纹饰

太和殿正脊处的螭吻

螭吻背上插剑有两个寓意：一是防螭吻逃走，取其永远喷水镇火之意；另一传说是那些妖魔鬼怪最怕这把扇形剑，因此有避邪的寓意。

◎ 螭吻

老九螭吻，喜欢吞火，又好东张西望，因而经常被安放在建筑的屋脊上，做张口吞脊状，并有一剑以固定之。故宫大多数宫殿的屋顶正脊（即前后坡屋面的交线）两端都有螭吻。

凤

凤是凤凰的简称，由古代鸟图腾崇拜演变而来，是我国古代传说中的百鸟之王。早在远古神话中，凤凰就被看成一种美丽而神奇、通天地懂人神、具有巫术能力的神鸟。作为明清帝王执政及与后妃共同生活的场所，故宫古建筑中凤的形象很常见，在建筑的多个部位中都会出现，以此彰显皇宫至高无上的地位。

我国历史上较早的凤凰形象，是在位于距今约七千年的河姆渡遗址被发现的，那里出土的双鸟朝阳纹牙雕蝶形器，其造型包括太阳、火焰与凤凰。

故宫内最具代表性的凤的形象则是体和殿前的铜凤，这只铜凤有如意冠、锦鸡首、鹦鹉嘴、鸳鸯身、孔雀羽、仙鹤足，综合了许多动物的身体部位，并经过创造性的艺术加工而形成。

体和殿前铜凤像
如意冠表示称心如意，锦鸡首寓意吉祥美好，鹦鹉嘴表示动人的音乐，鸳鸯身寓意为美满的爱情，孔雀羽象征文雅，鹤足代表长寿。

先秦古籍《山海经》卷一记载“有鸟焉，其状如鸡，五采而文，名曰凤皇”，接着还说，凤凰头上的花纹呈“德”字，翅膀上的花纹呈“义”字，背上的花纹呈现“礼”字，胸上的花纹呈“仁”字，腹上的花纹呈现“信”字，凤凰所落之处，天下安宁。自汉代以来，凤的形象已集中了许多动物的特征。成书于西汉初年的《韩诗外传》卷八第八章，通过天老（黄帝辅臣）的介绍，把凤的形象说成是大雁的头部、麒麟的身躯、蛇的颈部、鱼的尾巴、燕子的下巴、鸡的嘴巴。由此可知，凤的形象是综合了多种动物，并经过创造性的艺术加工而形成的，且不同历史时代，凤的造型并不相同。

乾清宫前丹陛石

乾清宫前丹陛石上的凤纹

乾清宫前丹陛石上的凤纹

故宫丹陛石、栏板以及望柱头上也有凤纹。

丹陛石是宫殿门前台阶中间镶嵌的长方形大石头，一般是一整块石头，亦可由几段块组成，是帝王身份的象征。皇家建筑中，丹陛石上的凤纹一般与龙纹组合出现，龙纹在中心，凤纹在四周；或者龙纹在上，凤纹在下。这体现了皇家建筑中，龙图腾的地位要高于凤图腾。

定东陵慈禧陵前的龙凤纹丹陛石为“龙在下，凤在上”，可反映慈禧太后地位高于当时的（光绪）皇帝。不仅如此，慈禧陵前的69块汉白玉板处处雕成“凤引龙追”，74根望柱头打破历史上一龙一凤的格式，均为“一凤压两龙”，暗示她的两度垂帘听政。

定东陵凤在上龙在下丹陛石

定东陵台基栏板凤引龙纹饰

定东陵望柱一凤引二龙纹饰

交泰殿隔扇上的龙凤纹

交泰殿藻井

除了石质构件，故宫古建筑的木构件上也多见凤纹，可见于门窗、顶棚等部位。

交泰殿位于乾清宫的北面，为皇后在重要节日接受朝贺的场所。交泰殿的隔扇、槛窗装饰、屋檐、室内顶棚彩画、藻井等多个部位均有凤纹饰。

交泰殿外檐上的凤纹彩画
外檐彩画绘有“双凤昭富”图案，画面的两只凤凰以牡丹花为中心，相向翩翩起舞。

故宫丹陛石上的龙凤纹组合中，龙纹数量一般为单数。而故宫中轴线北部的钦安殿上则有六条龙纹，为双数。据《周易》记载，奇数一、三、五、七、九为天数，偶数二、四、六、八、十为地数；又以一、二、三、四、五为生数，五个生数各加五得六、七、八、九、十，为成数。这样一来，天地与五行之间形成了生成关系，即“天一生水，地六成之”。另根据河图洛书的方位，数字一、六均位于北方。钦安殿的建筑布局就按照这套理论设置，其中，“天一”即钦安殿前的天一门，“地六”即指钦安殿前丹陛石上的六条龙。

钦安殿前丹陛石上的六条龙

交泰殿藻井及四角的凤纹

历史上曾经也常用凤来比喻杰出的男性，比如诸葛亮与庞统被称为“卧龙凤雏”，唐初唐太宗赞颂马周为“鸾凤凌云”。但从宋代开始，皇帝、皇后在舆服上的龙凤分化已经逐渐明确起来。皇帝的车舆以龙饰为主，皇后的车舆以凤饰为主。皇帝玉辂上的一切装饰、雕饰、纹饰全是龙纹，后妃则全是凤纹。因而从此时开始，凤象征女性，并在制度上固定下来了。而建于明代的紫禁城，凤纹装饰也都代表女性。

凤，神鸟也……出于东方君子之国……见则天下大安宁。

——《说文解字》 许慎著

何谓四灵？麟、凤、龟、龙谓之四灵。

——《礼记》 戴胜编

羽嘉生飞龙，飞龙生凤皇。

——《淮南子》 刘安编

故宫古建筑上的凤纹装饰，从南往北，自交泰殿起才出现。亦即交泰殿以南的建筑群，其木构件装饰纹基本上为龙纹，交泰殿及以北（含东西六宫）建筑的纹饰，才含有凤纹（龙凤纹或凤纹）。这与龙代表帝王、凤代表后妃的形象有关。

紫禁城由南向北，可分为前朝和内廷两部分。前朝三大殿为帝王执政场所，内廷则为帝王生活区域。内廷中的第一个宫殿是乾清宫，它是明代帝王的寝宫。也就是说，前朝三大殿与乾清宫均为帝王独有空间，而乾清宫以北的交泰殿则为明代帝王过夫妻生活的地方。交泰殿再往北为坤宁宫、东西六宫区域，这些都是后妃可使用的建筑。紫禁城古建筑上的凤纹，主要代表后妃。

皇后在宫中女性中地位最高，与凤是百鸟之王的地位相对应，所以凤也就成为皇后的象征，皇后的专用物品上多见凤的形象。如盛放皇后专用玉玺“皇后之宝”的匣子绘有凤纹；皇后冬朝冠冠顶以三只金累丝凤为装饰；皇后洗漱的盆，其底部立双凤；皇后在庆贺大典及千秋节时穿的袷袍，周身绣双凤纹；等等。

（清）故宫博物院藏金八宝双凤纹盆

慈禧进宫后，曾与咸丰在储秀宫生活，并生下同治。光绪十年（1884），已居长春宫的慈禧太后，为庆祝五十大寿，又搬回储秀宫，同时打破了乾隆帝定下的后世不得更移六宫陈设的祖制，耗费白银63万两重修宫室，打通储秀宫和翊坤宫，形成四进院格局。当时慈禧垂帘听政操控光绪，其地位和权力均高于光绪。

翊坤宫前的铜凤造像

慈禧居住的储秀宫区域，有很多凤形陈设。除了前述体和殿前的铜凤，还有翊坤宫前的铜凤。因为凤是百鸟之王，有“百鸟朝凤”之说，符合慈禧的身份及地位。清代邵晋涵所著《尔雅正义》载有“有羽之虫三百六十，而凤凰为之长”，由此看出，凤象征权威，储秀宫前的凤造像，寓意慈禧至高的地位。

凤还经常出现在故宫古建筑的屋顶上，在屋脊的小兽中，排在龙后面的即为凤。屋顶上的凤被看作镇宅灵物。

古人认为凤是天下太平的象征，也是四大灵兽之一，只要在瓦当上雕刻凤，就能够避邪御凶，后来就发展成了屋脊上的凤形象。而古人又认为凤是龙的后代，所以同作为镇宅神兽，凤排在龙后面。

寿康门屋顶上的小兽像

凤（左数第三个）排在龙后面。

屋顶小兽凤的侧立面

鹤

鹤自古以来是长寿的象征，也被宫廷视为吉祥之物，故宫中陈设着各种以鹤为造型的装饰物，以此寓意帝王统治的稳固长久，因此鹤也可被视为一种强政神兽。

太和殿宝座旁的鹤

故宫多座建筑的室外、宝座旁边均有鹤的陈设。东汉王逸的《楚辞章句》中提到：“六合谓天地四方。”此处“合”谐音“鹤”，因此鹤成为寓意国家太平的重要文化符号。“六合同春”则寓意天下太平及祝颂长寿。宫中重要宫殿前的鹤、皇帝宝座旁的鹤，亦有这些吉祥美好的寓意，即通过鹤的造型和品质，给皇帝统治的国家带来安定和吉祥，以实现长治久安、繁荣昌盛。

太和殿内

乾清宫殿内

乾清宫宝座旁铜鹤

鹤有着优美的形象，细长弯曲的颈部，线条柔和流畅，长嘴、长腿给人以优雅、高贵的感觉，如同一位遗世独立的美人，为人们提供了广阔的想象空间。唐人韦庄在《独鹤》中，用“夕阳滩上立徘徊，红蓼风前雪翅开”来形容鹤的优雅姿态。刘禹锡在《秋词》描述飞鹤“晴空一鹤排云上，便引诗情到碧霄”。唐人孟郊在《晓鹤》中，将鹤的叫声形容为“应吹天上律，不使尘中寻”。

乾清宫前的鹤

鹤自古以来是长寿的象征。因为古人认为鹤是寿命很长的动物，传说鹤年轻的时候羽毛是白色的，大约活到一千岁时，羽毛就变成“苍”色（灰白色）的了，活到两千岁时，羽毛就变成“玄（元）”色（黑色）了。从巩固政权的角度而言，鹤的长寿寓意古代帝王统治的稳固长久，如太和殿、乾清宫前的鹤，殿内宝座旁边的鹤，就代表这种寓意。相传龟和鹤都可以活千百年，故常用“一龟一鹤”的搭配象征寿命之长。因此，太和殿、乾清宫前的铜鹤与其旁边的铜鳌组合一起，体现出帝王希冀江山长久稳固的寓意。

乾清宫前的鳌

宫中的鹤造型，还寓意“君权神授”。在道教文化中，人们把鹤看作神仙的化身，因而有“仙鹤”的说法，且鹤为仙人坐骑。因此帝王认为鹤是人神沟通的纽带，尤其在太和殿这种举办重要仪式的场所，帝王期盼通过鹤这种神鸟来传递上天的信息，以传达“君权神授”之意。

翊坤宫前的鹤

慈宁宫前的鹤

太和殿前的鹤

（明）故宫博物院藏德化窑白釉鹤鹿仙人雕像
仙人鹤发童颜，怡然自得地盘坐于洞石之上；洞石一侧卧一小鹿，另一侧一仙鹤作驮伏状，似乎准备载着仙人飞向圣地。

（清）《圆明园四十景图咏》之"廓然大公"

"廓然大公"亦称双鹤斋，位于圆明园福海西北隅、平湖秋月之西。据传乾隆在位时，有12只鹤曾经降临这里，乾隆视之为吉兆，并希望这些白鹤天天重返，因此朝廷的官员们就在这个地方制造了12只不同姿态的金鹤来取悦乾隆。乾隆下令建造了一座斋堂来摆放这些金鹤。在廓然大公南有一个小广场，广场上建有鹤棚，周围还种植了大量松树。其中，鹤棚即为仙鹤栖息之所。

除了陈设，皇帝还在宫中养鹤。在紫禁城里，御花园的东南侧，绛雪轩前曾有一片裸露的黄土地，在清朝时是皇帝用来养鹤的地方，名为鹤圈。圆明园春熙院内有一处景观叫作"鹤来轩"，乾隆帝还曾为此地题诗一首。

《戏题鹤来轩》

名曰胎仙岂实胎，误因禹锡笑渊材。
不笼无事放之去，傍砌有时招亦来。
刷羽悠然栖古柏，鸣阴戛尔觑春梅。
孤山处士前年约，许汝翩投御苑陪。

皇家喜爱鹤的传统由来已久。春秋时期卫国国君姬赤，宠鹤到了如醉如痴的程度，把观鹤舞、听鹤鸣视为最大的乐事。他在都城郊区专门开辟了一块地方养鹤，号称鹤城。

汉景帝的弟弟梁孝王刘武，曾在封地河南睢阳建了一座很大的宫苑"梁园"，又称"睢园"。园中驯养了许多珍禽异兽，其中就有白鹤。

唐朝皇帝李世民喜好在宫中养鹤，并写有"蕊间飞禁苑，鹤处舞伊川"（《喜雪》）、"彩凤肃来仪，玄鹤纷成列"（《帝京篇十首》）等诗句。

宋徽宗赵佶喜欢鹤。据传，北宋政和二年（1112）正月十六，都城汴京上空忽降彩云，低映宣德门，时有十几对仙鹤飞鸣于宫殿上空，久久盘旋，不肯离去，赵佶亲睹此景，兴奋不已，认为祥云伴仙禽来帝都告瑞，乃国运兴隆之兆，亲自提笔描绘这番景象，留下传世之作《瑞鹤图》。

（宋）赵佶《瑞鹤图》

甪端

去故宫参观，会发现很多宫殿内的宝座旁边有一种长着一只犀角、狮身、龙背，双目圆睁、口微张的神兽，这种神兽叫作甪端，很多古书上也写作角端。

（清）故宫博物院藏乾隆款掐丝珐琅花卉纹盘蛇甪端香熏

（明）故宫博物院藏万历款掐丝珐琅盘蛇甪端香熏

甪端头上有一犀角、狮身、龙背、双耳，二目圆睁，口微张，熊爪、鱼鳞、牛尾。古人认为蛇有“驱鬼镇邪”的作用，甪端踏蛇的造型，因而还包含了驱邪的含义。

东汉张揖认为甪端像牛，其角可以为弓；东晋郭璞认为甪端像猪，但鼻子上有一角，可以做弓。

《清宫兽谱》中的甪端

故宫《清宫兽谱》中有对甪端的记载：甪端长得或像猪，或像牛，一个比较明显的特点是鼻子上有角；甪端产自胡林国（又名胡休国），为鲜卑族生活地区，位于今西辽河流域；甪端通晓八方语言，且能日行一万八千里，是皇帝的“千里眼”“顺风耳”，帮助皇帝知晓天下事。因此，在太和殿宝座前、保和殿宝座前、养心殿宝座前放置甪端，有保卫皇权之意。

太和殿宝座旁的甪端

甪端能日行一万八千里，通晓八方语言，护卫在侧，显示皇帝为有道明君，身在宝座而晓天下之事，四海来朝，八方归顺，护佑天下太平。

保和殿宝座及两旁的甪端

宫殿中的甪端还有实际功能，即充当香熏。将香料置入甪端腹中，点燃，产生的香气从甪端嘴中缓缓缥缈而出。其香气不仅可辟秽清洁，还营造出仙界的意境。

传说在元太祖十九年（1224），成吉思汗为追击花剌子模国（位于今中亚西部）的国王扎兰丁，不顾谋臣耶律楚材的劝谏，率领大军南下。当蒙古大军抵达印度河沿岸后，遥见河水蒸气磅礴，日光迷蒙。将士们口干舌燥，纷纷下骑饮水，忽见河滨出现一大怪兽，发出酷似人音的四字——“汝主早还”。耶律楚材乘机对成吉思汗说，这种瑞兽名叫甪端，是上天派来儆告成吉思汗为了保全民命，尽早班师。成吉思汗于是奉承天意，没有行进，回马班师。也就是说，甪端成为成吉思汗停止攻打印度的原因。有学者却认为，成吉思汗遇到的应该是“奥卡狓”。奥卡狓四肢细长，形如长颈鹿，肩高约1.5米至1.6米，是世界上最珍稀的动物之一。

奥卡狓

和
敦

养心殿明间
宝座两旁各有一个甪端

乌鸦

紫禁城里有很多乌鸦，这与满族统治者的信仰有关。满族人视乌鸦为神鸟，满族统治者则把乌鸦当作帮助他们巩固政权的重要工具。

故宫博物院傍晚清场时，当游客快要散尽，乌鸦立刻就成了这座巨型宫殿建筑群的主人。这些乌鸦羽毛乌黑油亮、体形肥硕。它们挥动着翅膀，相互追逐，在空中发出一阵阵翅膀拍击气流的唰唰声。乌鸦漆黑如墨，掠过空中时，如同在空中形成一道道黑闪。休憩之时，

故宫内的乌鸦

或栖于古树枝丫间，或列队歇脚于飞檐，或闲步于广场，姿态悠然。由于乌鸦一身黑的外形，很多人对乌鸦产生了不好的想法，甚至有人把故宫内的乌鸦与鬼怪传说、灵异事件联系起来。其实这些想法都是不对的。故宫内的乌鸦有着悠久的历史渊源，甚至可以说，它们是清宫遗留的神鸟，曾经帮助清朝统治者守卫着皇权。

乌鸦与清朝满族统治者信奉的萨满教密切相关。满族是一个笃信萨满的民族，萨满文化在其政治和社会生活中起了十分重要的作用。当满族以其强大的军事力量入主中原之后，建立了统一王朝，并大量吸收和学习汉族文化。但作为最高统治者，清王朝出于政治上的需要并未忘记发迹于白山黑水的历史，更没有忘记曾唤起过民族凝聚力的萨满文化。入关后，顺治帝于十二年（1655）以盛京（今沈阳）清宁宫为样板，对紫禁城坤宁宫进行了改造，使之成为一个萨满祭祀的场所。

萨满教

萨满教是一种原始宗教，产生于远古，没有统一的教义与经典，也没有统一的宗教组织和创始人，基本信仰体现为万物有灵、自然崇拜、多神崇拜。主持祭祀的“萨满”（即女神、女巫）可以通过祭祀、舞蹈、音乐和咒语等形式实现与神灵世界的沟通，以达到治病、祈福、驱魔的目的。萨满教分布于北亚一带，包括满族萨满教、蒙古族萨满教、中亚萨满教、西伯利亚萨满教等。

坤宁宫外立面局部

清宁宫及外部索伦杆座

神幡

坤宁宫前索伦杆

坤宁宫前索伦杆座

萨满祭祀活动形式繁多，几乎每天都要举行。其中，在每年正月初三、七月初一的“立杆大祭”中，乌鸦充当着重要角色。

祭祀当天，皇帝派人于坤宁宫前竖杆祭天。这种杆称为索伦杆，长一丈三尺（约4.2米），杆旁边有长五尺（约1.6米）、方五寸（约0.16米）的夹柱，杆上立有一直径为七寸（约0.22米）、高六寸（约0.19米）的圆斗。神杆立在坤宁宫门外东南角的杆座上，上悬挂长二丈（约6.4米）的高丽布神幡。

祭天仪式大致如下：司祝捧米碟洒米一次，祷祝祭天；再洒米两次，然后行礼。礼毕，司俎以牲（猪）骨穿于杆端，精肉、胆及米储于杆斗内，立起神杆，将一张净纸夹于杆与倚柱之间。献牲祭于杆前，谓之祭天。杆斗内的精肉、米等，则用以伺乌鸦。

溥仪的堂兄弟溥佳在《记清宫的庆典、祭祀和敬神》（载于《晚清宫廷生活见闻》，北京：文史资料出版社，1982年）一文中是这么说的：“我在内宫伴读期间，曾叫太监领我去坤宁宫看了两次跳神。到了坤宁宫，先看到殿外东南角立着一根楠木神杆，上面有一个盘形的东西，内置五谷杂粮，说是专供‘神鸟’吃的。在坤宁宫的西暖阁里据说供着萨满神……我在宫内，每天都会见到有人赶着两口猪进苍震门，据说这是祭萨满神用的。祭完了神的肉，太监还偷偷朝外卖，我为好奇心所驱使，也去买了三块钱的。太监们还神乎其神地说，这肉是在坤宁宫的‘神锅’里煮出来了的，那口锅从顺治入关以来，一直没停过火。”

坤宁宫祭灶处

坤宁宫祭灶处煮肉的大锅

也就是说，坤宁宫前的每次立杆大祭，其重要仪式之一就是把猪肉、猪骨头切碎了，拌之以精米，放在索伦杆顶的圆斗内，专门供乌鸦吃。这样一来，紫禁城内不免就有很多乌鸦留下来了。而乌鸦又是食腐的鸟类。坤宁宫萨满祭祀每天都要杀猪四头（溥仪逊位后改为杀猪两头），皇帝和大臣们分食猪肉后，猪的杂碎、猪骨头即使不放在索伦杆的圆斗里，也会放在紫禁城的其他露天地方，这也会引来乌鸦啄食。

坤宁宫内萨满祭祀原状陈列　皇帝吃肉宝座　部分祭具　大臣吃肉坐垫

清代宫廷的萨满祭祀从顺治十二年一直延续到清末，在这三百年间，从未中断。既然萨满祭祀活动没有中断，那么喂食乌鸦的环节亦得以保存三百年，使得紫禁城内乌鸦众多成为理所当然之事。

把乌鸦当作神鸟，不仅与清朝统治者的萨满信仰密切相关，也与满族祖先的传说有着深厚的渊源。

坤宁宫萨满祭祀部分祭具

神鹊与满族的起源

传说天上有三位仙女下凡，大姐叫恩固伦，二姐叫正固伦，三妹叫佛库伦。她们落在没有人迹的布尔瑚里湖湖畔，见到清波粼粼的池水，便脱衣下池沐浴。此时一只神鹊飞来了，口里衔着一枚朱果。它把朱果吐在池岸三妹佛库伦的衣裙上，然后就飞走了。佛库伦上岸后，在自己的衣服上看见一枚光润鲜嫩的朱果，十分喜爱，恰好她感到有些饿了，便拿起来吃。不想刚刚放到唇边，那枚果就自己进到腹内了。这以后，佛库伦竟怀孕了，生下了一个男孩。这个男孩生下来就会说话，长得体貌奇伟。母亲告诉儿子，他姓爱新觉罗，还给儿子起了个名字，叫布库里雍顺。她把儿子放在一条小船上，自己就凌空飞去了。后来，布库里雍顺到达俄朵里城（鄂多理城，今黑龙江省依兰县境内），平定了当地三个姓氏的部落的争斗，并被拥为一国之主，因而成为满族人民的始祖。由此可知，满族的起源是离不开乌神鸟的。

布库里雍顺塑像

乌鸦救过满人祖先的命

据《满洲实录》记载，兀狄哈人曾屠杀猛哥贴木儿部落，仅剩下一名叫作樊察的小孩。樊察被数百名兀狄哈人追杀，在旷野中一路狂奔。当他停下来歇口气时，正好有只乌鸦落在他头上，追兵赶到时，误认为乌鸦落在一根枯木上，因而绕过了樊察继续往前追赶，樊察的性命才得以保存。樊察告诫后世，要将乌鸦看作神鸟，予以善待。这个樊察，就是布库里雍顺的裔孙，也是清太祖努尔哈赤的八世祖。因此满族人认为乌鸦是拯救了他们统治者祖先的神鸟。

除了种种神话和传说，满族的先民们在生产力落后的条件下，便赋予乌鸦种种神性。在森林里狩猎时，乌鸦遇到危险时会高声惊叫、成群飞离，这样就为打猎者报了警。乌鸦还喜欢吃野兽的尸体，人们便可以在乌鸦聚集的地方获得意外的食物，久而久之，便逐渐视乌鸦为神灵了，认为它是在人神之间传递信息的神鸟。

1924 年 11 月溥仪被驱逐出宫，紫禁城内的萨满教祭祀活动彻底终止。即便如此，在紫禁城内有着三百余年居住史的乌鸦，仍然不愿离去，一部分还留在紫禁城内，并繁衍后代。这些清宫遗留下来的神鸟，至今还在紫禁城中，成为紫禁城清朝统治的一个见证。

犼

位于北京中轴线上的天安门，是明清两代北京皇城的正门。天安门城楼的前后，各有一对汉白玉的柱子，其柱身雕刻着精美的龙纹和云纹，柱顶上部横放着一块云板，云板上则蹲坐着一石刻怪兽——犼。

天安门前的汉白玉柱子叫作华表。华表截面为八边形，代表八个方向。华表顶部云板为东西方向，蹲坐的犼面朝南方。天安门后还有两个华表，蹲坐的犼面朝北方。

天安门后华表

天安门前华表

在史前社会，华表寓意通天柱，是人和神沟通的重要工具。在尧舜时代，华表又名“诽谤木”，这里的“诽谤”主要是指提意见。《淮南子·主术训》载有“故尧置敢谏之鼓，舜立诽谤之木”，意思是尧曾在庭中设鼓，让百姓击鼓进谏；舜在交通要道立木牌，让百姓在上面写谏言。

华表还有路标功能，据《史记·夏本纪》记载，大禹治水时，就用华表当作路标。秦始皇时代，为加强专制统治，废除了华表。汉代又恢复华表，并称作“桓表”，因为古代的“桓”与“华”音相近，所以慢慢读成了“华表”。东汉时期开始使用石柱作华表，但华表的“诽谤”作用已经消失了，成为装饰性大柱。

谏鼓谤木

华表是古代宫殿、城墙、陵墓、道路旁的立柱。明永乐年间建造承天门时建立的两对华表，仍然保持了舜时诽谤木的基本形状，但材料为汉白玉雕。该华表侧面雕刻有蟠龙，并饰有流云纹；上端横插一云板，代表诽谤木的书写区域；石柱顶上有一承露盘，呈圆形，对应天圆地方，上面的蹲兽即为犼。

犼近照

传说犼来源于盘古的身躯。在混沌宇宙中，有一位大神——盘古，他手持盘古斧，完成了开天辟地的创举。盘古开天辟地之后，天地形成，却没有生命。经过天长日久的变化，盘古的身躯逐渐演化成四位古神：大地之母女娲、人王伏羲、玉皇大帝昊天、神兽之王犼。犼是盘古的头骨所化，继承了盘古强大的肉身，更是万兽之王，以龙为食，凶猛异常。

犼趁黄帝大战蚩尤时祸乱人间，伏羲、女娲一同出手将犼封印。女娲怕犼破开封印报复人间，便与伏羲一同将犼的灵魂抽出分裂为三部分。没想到分裂后的灵魂迅速逃离，让女娲和伏羲都束手无策。更加出乎意料的是，犼曾经向昊天要了一根巨大的神树树枝，而此时的神树树枝接触到犼的血液后，居然慢慢地钻入犼的体内，成为新的灵魂，占据犼的身体，这就是僵尸王将臣。犼的其他三份灵魂分别占据了三个人的躯体，成为三个仅次于将臣的僵尸王。犼化成的四大僵尸王像是被诅咒一般，只能以人类的精血为食。并且这些僵尸王强悍无比，为祸人间多年。后来，它被观音菩萨收服为坐骑，赐名为“犼”。

对于犼的形象和特征，民间有犬、兔、狮子、龙、马等不同说法。南北朝时期文人顾野王所编的《重修玉篇》卷二十三中写到，犼的形象“似犬”。北宋史学家司马光在《类篇》卷二十八中，亦认为犼长得像狗，且吃人。明代文人陈继儒所撰《偃曝谈余》上说吼（犼）“形如兔，两耳尖长，仅长尺余”。书中还记载：当狮子看到犼时，会吓得不敢出声；犼的尿液有腐蚀性，撒在任何动物身上，能使之因遭受腐蚀而丧命。

就天安门华表上的犼而言，其形象更多具有龙的特征：角似鹿、头似驼、耳似猫、眼似虾、嘴似驴、发似狮、颈似蛇、腹似蜃、鳞似鲤、前爪似鹰、后爪似虎。

故宫博物院藏紫铜观音菩萨像

观音坐骑犼的形象中，犼融合了狮的头部、龙的腹部、虎的脖子、马的尾巴等多种元素。

法海寺壁画上的观音与犼

位于观音下方的犼为狮子造型。其双目圆鼓，张嘴獠牙，无毛的肌肉凸显粗壮威武，极具护佛的震慑力。

明代文人刘侗、于奕正所撰《帝京景物略》卷五载有“有金璎珞犼象狮”，即犼的形象与狮子类似。晚清博物学家方旭所撰《虫荟》卷二中，认为犼造型像马，体形可达数丈，身上的鳞鬣还带有火焰。

作为万兽之王，犼能高居天安门华表的上端，且立于象征宇宙中心的须弥座上，可谓我国古代第一大国兽，在古代具有浓厚的文化寓意。天安门城楼前面的犼，面朝南方，注视着皇帝外巡，如果皇帝久出不归，它就呼唤皇帝速回料理政事，故而称此犼为“望君归”。天安门城楼后面的犼，面朝北方，望着紫禁城，监视皇帝在宫中的行为，如果皇帝深居宫闱，不理朝政，不问民间疾苦，它就会催请皇帝出宫，明察下情，所以称此犼为“望君出”。因此，天安门的犼不仅能够为帝王添加瑞气、避妖邪，在帝王执政期间，犼还能陪鸾伴驾，监督君王励精图治、明辨是非，确保国家兴旺、江山永固，因而又被推崇为世间忠义道德的楷模。

天安门后华表上的犼

（清）《胪欢荟景图册》之“合璧联珠”

乾隆二十六年（1761）乾隆帝母亲七十寿辰时，乾隆帝为其庆贺的多个场景。其中“合璧连珠”这幅画描绘的是天安门前的盛大场景，可以看到天安门前的两个华表，其顶部的犼面向南方。

第 2 章

消灾神兽

在古代生产力落后的条件下，古人主观认为世上有“邪魔”“鬼魅”等鬼怪存在，它们会制造各种灾害，威胁人身或建筑的安全。而且限于生产力水平，古人很难完全科学应对火灾、雷电等灾害。因此，古人采取了那个时代环境下的各种应对措施，神兽就是他们寄托消灾驱邪愿望的方式之一。

狮

太和门前的铜狮是我国现存体量最大的一对铜狮。这对铜狮对称立在宏伟的太和门前，雄壮而威武。铜狮并非鎏金做法，且无款识，推测应为明代铸造。

位于故宫中轴线南部区域的太和门，是前朝三大殿的正门。太和门建成于明永乐十八年（1420），时称奉天门；清顺治二年（1645）改名为太和门；清光绪十四年（1888）被焚毁；清光绪十五年（1889）重建，五年后完工。现存太和门为光绪二十年（1894）复建后的建筑样式。太和门面宽九间，进深四间，采用重檐歇山屋顶形式，是故宫内最大、最壮丽的门座建筑。

太和门及门前铜狮
太和门在明清时期曾是帝王举行重要活动的场所和出入要道。

与乾清门前的铜狮不同，太和门前铜狮的耳朵是竖起来的，似乎在警惕闯入宫的不速之客。这对大型铜狮的头部和身体是圆形，底座是方形，寓意天圆地方。每只铜狮子的高度都达到2.4米，蹲坐在高0.6米的铜座之上，通高达3米。雄狮在东侧，雌狮在西侧。二铜狮头顶螺旋卷毛（俗称疙瘩烫），张嘴露牙，似在咆哮；胸前绶带雕花精美，前挂銮铃肩挂缨穗，肢爪强劲有力，前肢后肘各有三个卷毛，后背有锦带盘花结，整体显得异常英勇威猛。

太和门前铜狮的底座为汉白玉须弥座，长约2.2米，宽约3.0米，高约1.4米。须弥座不仅体量庞大，而且在四个面上刻有行龙（上、下枋位置）、巴达马（位于上、下枭）、椀花绶带（束腰位置，寓意“江山万代，代代相传”）、三幅云（圭角位置）等精美图案。

太和门前西侧铜狮正立面
雌狮头略朝下，其左足抚幼狮，象征子嗣昌盛。

太和门前东侧铜狮正立面
雄狮头饰鬈鬃，颈悬响铃，两眼瞪视前方，气势雄伟，其右足踏绣球，象征皇家权力和一统天下

失蜡法 失蜡法工艺流程大致包括：制蜡模、制作外范、熔化铜液、铸后加工等几个过程。明代《天工开物》中有失蜡法较为详细的记载。

太和门前铜狮的雕塑和铸造工艺极为精细，无论是铜狮全身，还是铜座上的纹饰，都雕铸得非常精美，表面光洁无痕，应是采用古代失蜡法整体铸造而成。

狮子与佛教有密不可分的联系。据北宋时期释道原所著佛教史书《景德传灯录》卷一记载，佛祖释迦牟尼在出生时，一手指天，一手指地，发出狮子吼般的声音，大喊“天上天下，唯我独尊”，被称为“狮子吼”。另据古印度佛教经典《大智度论》卷七记载，佛

是人中狮子，佛坐的宝座，都是狮子座。由于狮子是佛的化身，释迦牟尼说法都是“狮子吼”，可以驱赶邪恶，带来光明，且狮子佩戴的铜铃和瓔珞在佛教中均有驱邪护法的作用，因而用来镇宅。另外，狮子被古人认为是“百兽之王”，有狮子镇宅，各种恶兽不敢靠近。由此可知，狮子是古人心中的镇宅神兽。

古代桥体上多有狮子石雕，也有镇桥之意，寄托保护桥免受灾祸的愿望。位于故宫西华门区域的断虹桥为元代建造，桥上有形态各异的狮子造型，其中最受人关注的，是由南往北数的第四只。这只狮子一手抓着头发，一手护着裆部，表情痛苦，常被称作“护裆狮”。

（清）《如来狮子图》

左边的狮子驮着金色的莲台，莲台上有六道檀香，寓意佛法中的六道轮回；右边的狮子则是如来的坐骑。

护裆狮

断虹桥（从南往北看）

护裆狮与道光帝

据传护裆狮与道光帝的大阿哥奕纬有关。

奕纬是道光与身份低微的藩邸使女那拉氏所生，性格顽皮、桀骜不驯，道光帝一直不是很喜欢他。道光十一年（1831）四月二十日，奕纬在上书房学习时，又走神了。于是老师对他说，你现在要好好学习，以后就能当个有作为的好皇帝。没想到奕纬一听就不高兴了，回答说，我当上皇帝后，第一件事就是杀了你。老师听了非常害怕，连忙向道光皇帝禀告了这件事。道光皇帝一听，顿时勃然大怒，让人把奕纬叫到南三所来。奕纬还不知道怎么回事，高高兴兴地进了南三所，若无其事地问候父王。道光皇帝见到奕纬，立刻气不打一处来，冲上去狠狠地踹了奕纬一脚，没想到这一脚不偏不倚，恰恰踹在奕纬的裆部。奕纬当场捂着下身，倒地抽搐，口吐白沫。道光皇帝看到这幅场景，立刻慌了神，连忙叫来太医，将奕纬抬回他的住处医治。然而，由于伤势过重，无力回天，奕纬几个月后便去世了，年仅二十三岁。道光皇帝下令，赐奕纬谥号“隐志”，并以皇子身份下葬。据说，在奕纬的葬礼上，道光皇帝忍不住扑倒在儿子的棺椁上失声痛哭。他既后悔多年来对儿子的冷漠，又悔恨自己愤怒之下将儿子踢死。就这样，奕纬用自己的死亡，在道光皇帝心中，留下了永远抹不去的痛。

幸运的是，两年后，道光皇帝又得一子奕詝。尽管道光皇帝顺利地把皇位传给奕詝（后

上书房外立面

上书房为皇子、皇子孙们读书学习的地方，位于乾清门东侧。

（清）故宫博物院藏《大公主大阿哥庭院游戏图》
奕纬身上挂着精致的小怀表、香囊，带着妹妹端悯固伦公主，在庭院里兴奋地点爆竹。

（清）故宫博物院藏《大公主大阿哥荷亭晚钓图》
奕纬站在池中小亭内，一手牵着端悯固伦公主，另一手拿着鱼竿饶有兴趣地钓鱼。

来的咸丰皇帝），但是奕纬在他心中仍占有特殊的地位。每次道光帝路过断虹桥，看见护裆狮一手护裆，一手抓脑，表情非常痛苦，犹如奕纬当年被踢死的样子，都会勾起无尽的痛苦和对往事的悔恨。为避免触景伤情，道光皇帝下令用一块红布盖住这个护裆狮，并尽可能不再从西华门出入。

狮子是如何传入中国的?

狮子大约在距今12.4万年起源于非洲东部与南部，距今2.1万年前，进入了亚洲。汉武帝时，张骞出使西域，中国与西域各国开始了贸易往来。同时，强大的汉朝统治政权成为多个西域国家朝贡的对象。据《后汉书·西域传》记载，东汉章和元年(87)，安息国(今伊朗)国王阿萨息斯派商队沿着丝绸之路到了洛阳，向汉章帝刘炟进贡狮子，这是我国关于狮子的较早文献记载。我国明代药学家李时珍所著《本草纲目》亦载有“狮子出西域诸国”。根据史料记载，从汉代到明代，西域诸国至少有二十一次向朝廷进贡狮子，足以说明狮子在我国古代受重视程度。

在古代，狮子又被称为“狻猊”。如晚清学者文廷式所撰《纯常子枝语》载有：“狻猊即狮子，非中国兽也。”

(明)《狮子图》 周全
此图为一成年狮与三只小狮玩耍嬉闹之景，背景为溪流、古松，以及修竹数竿。各狮身朝向画面左侧，而成年狮首左转正视观者，神情不怒自威。此图反映了明成化时期，撒马儿罕向明朝进献狮子的史实。

(明)《明宪宗元宵行乐图》局部
明成化二十一年(1485)元宵节当天，西域诸国向宫廷进贡狮子的场景。

清康熙十一年(1672)，葡萄牙为了在澳门开通与中国的贸易通道，处心积虑讨好清政府。他们得知康熙帝希望有一头狮子后，立刻在莫桑比克捕捉了两头狮子，准备向朝廷进贡。其中一头狮子在运至印度果阿后不幸死亡。正当葡萄牙方将剩下的这头狮子运至澳门时，清廷正处于“三藩之乱”时期，云南平西王吴三桂、广东平南王尚可喜、福建靖南王耿精忠三个藩王对清廷统治构成威胁，康熙下令武力撤藩。其间，由广东至京城的部分贡道还被叛军占领。无奈之下，这头狮子在澳门“等了”两年。康熙十七年(1678)，“三藩之乱”基本被平息，葡萄牙使团带着这头狮子继续出行，并于同年八月抵达京城。康熙帝大喜，安排了多场观狮宴会，对葡萄牙使团赞赏有加，并于第二年允许葡萄牙人在澳门开设贸易通道。

铜狮为何爱“烫头”？

官府门前的石狮（铜狮）与真实狮子不同，毛发都是俗称的疙瘩烫形式，其实这种“疙瘩”是一种等级的象征。官府前石狮头上所刻之疙瘩，以其数之多寡，显示其主人地位之高低，以十三为最高，即一品官衙门前的石狮头上刻有十三个疙瘩，称为“十三太保”；一品官以下，每低一级，递减一个疙瘩；二品十二个疙瘩，三品十一个疙瘩，四品十个疙瘩，五品、六品都是九个疙瘩，七品以下的官员府邸门前就不许摆放守门的狮子了。

那么，紫禁城内铜狮子身上的“疙瘩烫”数目是多少呢？四十五个。皇帝具有“九五至尊”的地位，护卫皇权的铜狮身上疙瘩数量自然少不了。九五相乘，即为四十五，因而太和门前铜狮身上的疙瘩数目为四十五个。

铜狮头上的“疙瘩烫”

獬豸

天一门前有一对铜质神兽造像，蹲伏在须弥座上，昂首挺胸，威风凛凛。这种神兽名叫獬豸，作为辟邪神兽守护着紫禁城的主人，保证帝王的道教活动不受侵扰。

天一门位于故宫御花园内，为钦安殿院落之南门，明嘉靖十四年（1535）建造。其院门名为“天一”，乃取《易经》中“天一生水”之意，表示此处为五行之“水”，因而可以避免火灾发生。

天一门前的獬豸造像，长约1.3米，宽约0.35米，高约1.35米。头部似龙头，头顶前部的叉形独角分外明显，嘴角两侧各伸出一根长长的虬髯。虎目圆睁，麋鹿形的身躯显得敏捷利落，全身的鳞片线条分明，四肢处尤为明显，犹如盔甲一般。利爪张开伏地，似

天一门 天一门是故宫内较为少见的青砖建筑，一方面直观地反映出古人避火的愿望，另一方面青砖的色调与园林环境相协调。

天一门西侧獬豸

警惕外来的入侵者，随时做好攻击的准备。头部和尾部的毛发直立，呈火焰状，警惕且威严，令人震撼，不敢靠近。

紫禁城的这对獬豸护卫在天一门前，而天一门即为钦安殿的围墙大门。这说明这对獬豸与天一门、钦安殿都有着密不可分的关系。钦安殿是一座道教建筑，里面供奉的是真武大帝，也就是道教中的水神。朱棣在建造紫禁城的时候，把钦安殿建造在中轴线位置，足以说明他对真武大帝的重视。因为真武大帝是镇守北方的神，所以朱棣将钦安殿建在紫禁城中轴线北部。

明洪武三十一年（1398），朱元璋驾崩，其孙朱允炆继位。朱允炆为巩固皇权，欲削弱各地藩王的兵权，在北京的叔叔燕王朱棣即为其中一位。朱棣当即以“靖难之役”之名起兵造反。“靖难”即排除祸难之意。朱棣在发动“靖难之役”时，突然天空阴云密布、雷电交加。朱棣认为此天象是真武显灵，立即披发光足，仗剑应之，称自己就是真武大帝的化身。经过四年的艰苦战役，朱棣终于夺取皇位。为感恩真武大帝相助，朱棣在营建紫禁城的时候，将真武大帝像请到了钦安殿。

故宫藏琉璃制真武大帝坐像

明代诸多帝王中，对道教最为崇信的当数嘉靖皇帝。嘉靖皇帝一生痴迷道教，并把钦安殿作为举行道事活动的场所。即位后第二年（1523），嘉靖在钦安殿举行斋醮活动（道教法事活动）。钦安殿虽然供奉真武大帝，但祖宗旧制规定不能于此举办斋醮活动，嘉靖的活动立刻受到了很多大臣的冒死阻止。不仅如此，钦安殿原本在坤宁门之后，属于后宫的一部分，斋醮活动亦严重影响了后宫生活。为了有一个封闭的不受外人干扰的道场环境，嘉靖帝于十四年（1535）下令在钦安殿外建一座围墙，而天一门正是围墙的大门。这样，道教活动不仅不影响后宫，而且也听不到大臣们的反对声了。因此，天一门是维护钦安殿道教活动的屏障门，可反映明代（特别是嘉靖时期）对钦安殿道教活动的重视。

在清代，钦安殿道教活动的辉煌时期为雍正时期，雍正帝在这里主办过多次道术活动。道士娄近垣曾在钦安殿做法，救了雍正一命，钦安殿作为道教场所功不可没，雍正帝对此地愈发重视，因此在钦安殿的围墙外面安放一对獬豸。这对獬豸并非古代传统意义上的“司法公正”或“镇墓护主”，而是紫禁城帝王利益的守护者，不仅宣传了道教的功德，还护卫皇帝的道术活动不受妖魔侵犯，以维护大清江山的稳固和繁荣。

（清）《胤禛行乐图册》之“道装像”

雍正帝穿着道装，端坐巨石之上，左手挥舞麈尾，右手合捻，口中念念有词。巨石之下为奔腾的江河，波涛翻滚。一条蛟龙豁然跃出水面，张牙舞爪，十分壮观。雍正帝命画家将自己绘为道士形象，显示出其与道教有着十分密切的关系。

据史料记载，自雍正七年（1729）起，雍正帝得了一场重病，症状表现为时寒时热、体态虚弱、寝食难安，这场病几乎夺走了雍正的性命。其间，雍正仍不忘使用道术来驱魔治病。雍正七年十二月初六日、雍正八年十二月初五日，雍正传旨造办处：“上曰照降魔杵式压纸做几件，或长尺余，或长七八寸。用牛油石，或象牙石，或下肩用铁，做炕长鷞翎色，中环紫檀木，顶用铜，做镀金亦可。再传上曰兴年希尧将做降魔玉坯子，寻几块送来。如尺寸不够，小些亦可。钦此。”雍正九年（1731）年夏天，道士娄近垣受命在钦安殿前做法，让雍正帝喝下符水，并分别在太和殿、乾清宫、养心殿明间顶棚内放符板。符板的正面刻着佛教与道教融合的内容，背面则是七十二道太上秘法镇宅灵符。结果雍正的病真的好了。道士娄近垣治病有功，因此被加官晋爵。

獬豸形象演化史

◎ 羊形

在唐朝以前的文献或出土文物中，獬豸外形似羊的居多。20世纪50年代在甘肃省武威市曾出土一个木雕獬豸，其外形与山羊高度相似，且獬豸的头部有一个长长的角，似乎随时准备抵触任何不公正的人或物。中国科学院考古研究所曾于1962年在陕西西安武库遗址发现了一块獬豸形的玉佩，其制作年代为西汉，该玉佩采用阴线雕刻和镂空透雕的技法，塑造了一只山羊形象，且山羊亦为独角。另南朝梁任昉撰《述异记》卷上也有记载："獬豸者，一角之羊也。""性知人罪。皋陶治狱，其罪疑者，令羊触之"，獬豸的形象与羊有着多处的相似。

（西汉）獬豸玉佩
山羊呈站立状，回首眺望，双目炯炯有神，嘴略微张开，胡须轮廓明显，独角呈弯曲状。

◎ 牛马形

在唐至明代的诸多帝陵前，獬豸石像生为常见的镇墓神兽，其外形多为牛马。在唐武则天之母杨氏的顺陵前，有一对独角兽，身体外形与牛非常相似。2002年9月文物出版社出版的《咸阳文物精华》称此兽为"天禄"，"其头似虎，头顶有一角，身如牛，双翼刻卷云纹，长尾拖地，体形硕大，气势雄伟，雕工精细。天禄又名獬豸，俗称独角兽，史书记载天禄能明是非、辨曲直、鉴忠奸"。由于"禄"与"鹿"谐

（唐）顺陵前獬豸像
这只獬豸神情亦如牛一般温顺厚实，其四足足底为马蹄形，胸前的双翼颇为耀眼。

音，因而天禄的形象与鹿的外形有着某种程度的相似，且从字义上理解，“禄”还有吉祥的寓意，所以天禄不仅能秉公执法，而且还是一种祥瑞。一些学者认为，鹿是一种吉祥动物，换上牛身，取其忠厚善良、勤恳不怠之意；换上马蹄，使之日行千里，古人常将其置于陵墓前，以求祈护祠墓，冥宅永安。

宋陵及明陵前所见到獬豸外形亦为牛马形，牛首、马身、马蹄，头上独角后翻，身上无鳞。宋代早期，獬豸的外形特征还有双翼位于胸前，似能飞翔。随着历史进程的发展，獬豸胸前的双翼进一步演化，变成了犹如火焰的形状，而獬豸的“飞”也逐渐转变为“走”。到了明代，獬豸的双翼渐渐弱化，如明陵前的獬豸取消了羽翼装饰，这使得獬豸的整体造型显得更加淳朴无华。

（明）孝陵石像生之獬豸

《清宫兽谱》中的獬豸形象

◎ 龙形

到了清代，獬豸的外形特征与龙更为接近。龙是天子的代言，为皇帝所专用。闻一多先生在《伏羲考》中对龙的形象做了较为系统的归纳，即龙头上的角类似于鹿角，身体像蛇一样，爪子与狗爪类似，毛类似于马的毛，尾巴类似于鬣狗，鳞和须类似于鱼鳞和鱼须。在《清宫兽谱》中，獬豸的形象与上述对龙的描述较为接近。而天一门前的这对獬豸，有着龙首、龙爪和狮尾，身上龙鳞状的斑纹亦可现。很明显其外形与《兽谱》有着更进一步的相似之处：龙首，以及凸立的独角。其做蹲伏状，整体呈前半身昂首紧绷、后半身蓄力待发状，表现出了刚强的力度和威猛的气势。

獬豸可以充当哪些功能？

◎ 执法

獬豸与“法”是有一定渊源的。“法”的繁体字为“灋”，而“灋”由“氵”“廌”“去”三部分组成。“灋”与獬豸密切相关，因为这个字的意思就是通过“獬豸”（即“廌”）来除去水的不平之处，即保证司法的公正。在古代，獬豸的形象也多与执法相关。如上古时期的皋陶，是一位掌握刑罚的官员，他用獬豸判案，公正无私，被誉为中国司法的鼻祖。东汉《异物志》里记载獬豸能够分辨是非，遇到不公正的人，能跳起来直接将其刺死。宋苏轼的《艾子杂说》里记载獬豸发现邪恶奸诈的官员时，会用独角将其刺死并吃掉。明代海瑞亦曾借獬豸形象痛斥严嵩等奸臣作恶多端必受惩。獬豸寓意护卫法律的公正。

◎ 官服

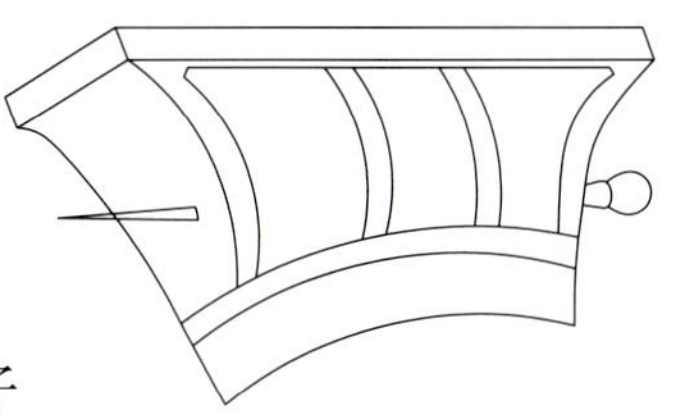
獬豸冠示意图

我国历史上多个朝代的执法官员，其官帽或官服上均含有獬豸形象。楚文王很赏识獬豸的公正无私，最早下令全国范围内所有执法类官员的帽子均做成獬豸独角形状。这种帽子又被称为獬豸冠，主要做法为用铁丝缠绕成高约12厘米的柱形，外面用布缠绕，冠上部有象征獬豸独角的铁杆穿过。此后，秦、汉、晋、唐、宋等多个朝代的执法官员均佩戴獬豸冠。到了明清之时，设风宪官，职同御史，为取缔妨害风纪法度的官吏，他们的官服的重要特征之一，就是补子上有着寓意公正无私的獬豸纹饰。

◎ 镇墓

很多古代帝王的墓前都有獬豸，主要起镇墓作用。这些獬豸形象各异，但均有着长而尖锐的独角，且总体造型威猛而又恐怖，让盗墓者或妖魔鬼怪不敢靠近。帝王墓前的獬豸，是封建帝王捍卫皇权思想的体现，亦是封建忠孝礼制的一种反映。

断虹桥靠山兽

断虹桥位于紫禁城西部区域，是紫禁城内唯一的一座元代石桥。断虹桥每侧桥头各有一个“披头”的神兽，它们就是断虹桥的靠山兽——麒麟。

断虹桥上共有四个靠山兽，有的已经风化。靠山兽的头部似龙头，毛发向后捋起，与靠山石形成完美过渡；尖锐的牙齿露出，似有震慑之意；肩胛刻有双翼，犹如要羽化升仙；靠桥端蹲坐，昂首挺胸，气宇不凡；长长的尾巴蜷曲朝前，犄角向后蜷曲，又给人一种内敛的驯服感。

断虹桥的靠山兽，头部正中有独角、狮首、虎眼、牛鼻、鹿角、麇身、牛尾、五个脚趾（爪）。这种外形符合文献中对麒麟的描述，尤其与元代麒麟的特征相类似。但值得注意的是，断虹桥靠山兽身上无龙鳞，其头部正中的独角、头部两端的鹿角也并非往外伸，而是分别向后、向侧面蜷曲，同时身上还有双翼。

麒麟作为断虹桥的靠山兽，有着特殊的功能。麒麟是龙的后代，因而具有龙的某些能力，比如吞江吐雨、排泄雨水（类似于龙生九子中的蚣蝮），可避免洪水漫过桥体。麒麟是百兽中的老大（《孔子家语》有：“毛虫三百有六十，而麟为之长”），因此各种野兽也不会破坏桥体。麒麟是吉祥神宠，主太平、长寿，因而又能保佑桥体稳固长久。

断虹桥（从北往南看）

断虹桥靠山兽

（元）故宫博物院藏麒麟式水壶

可以看出元代麒麟的造型特点：独角、狮头、牛鼻、虎眼、牛尾，身上无鳞，与断虹桥的靠山兽有着相似之处。

东汉许慎《说文解字》："麒，仁兽也，麋身牛尾一角"、"麐，牝麒也。"此处"麐"同"麟"。

东汉班固《汉书》："获白麟，一角而五蹄（师古曰：每一足有五蹄也）。"

西汉《淮南子》："毛犊生应龙，应龙生建马，建马生麒麟。"

南朝的石麒麟

南朝时期的石麒麟身上有翅膀。翅膀意味着可以飞翔，是古人认为的仙人象征。

十七孔桥的靠山兽

靠山兽头部

靠山兽侧立面

古代工匠给断虹桥靠山兽赋予了翅膀，以此来说明此神兽为仙兽，具有飞天能力，能更好地发挥镇桥作用。

靠山兽

靠山兽在古建桥体中比较常见，即通过神兽作为桥的"靠山"，来保持桥的平安长久、免受灾难，起到镇桥的作用。颐和园十七孔桥两端的异兽即为靠山兽。

海底异兽像

紫禁城御花园内的钦安殿前，有一座青白石旗杆座，高2.1米，平面为正方形，边长1.4米，由两块巨石拼成，上刻有精美的海底异兽浮雕。

钦安殿始建于明永乐十八年（1420），是紫禁城中轴线上唯一的一座宗教建筑，里面供奉的是道教中的水神——真武大帝。钦安殿面阔五间，进深三间，采用独特的重檐盝顶形制，屋顶正中安3.5米高的铜胎鎏金宝顶。

钦安殿的位置位于紫禁城的正北方。五行与方位存在密切联系，“金”代表西方，“木”代表东方，“水”代表北方，“火”代表南方，“土”代表中央。所以从钦安殿供奉的真武大帝和所处的正北方的位置来看，钦安殿与水有关。

钦安殿正立面

钦安殿前旗杆座

钦安殿前设有青白石旗杆座，亦为明代制作。旗杆座高2.1米，平面为正方形，边长1.4米，由两块雕刻精美的巨石拼成，并采用两个铁箍束紧。基座下由厚度约为0.16米的石层衬托。旗杆座上原有木制旗杆，现已无存，但表面精美的浮雕仍留存下来。旗杆座顶部由四面连续的画面组成：一座座高山，山腰间一片片白云。顶部以下的四面，由相同的画面组成，每个画面都有边框，中心是两条飞舞的巨龙，一升一降，头尾相接，围绕着一颗宝珠盘游，背景是上下翻腾的云层，云层下面是汹涌的大海，巨浪一个接着一个拍打着奇形怪状的礁石，水沫四溅，好似涌起千层浪花。

鲤鱼

夹杆石下部的平石阶上，也雕有海水，一波接一波，比较平缓，也是一组连续性画面。各种形状的礁石、海兽、水怪出没其间。基座平阶上的海兽，除了常见的鱼、虾、蟹、龟等海洋动物外，还有一些海底异兽。这些异兽造型，与清宫《海错图》中的海兽有一定的相似之处。《海错图》为康熙年间的画家聂璜绘制，是一本关于海洋动物的图谱。其内容真假混杂、妙趣横生，深受清代帝王的喜爱。需要说明的是，此处的"错"为种类繁多、错综复杂的含义。

虾

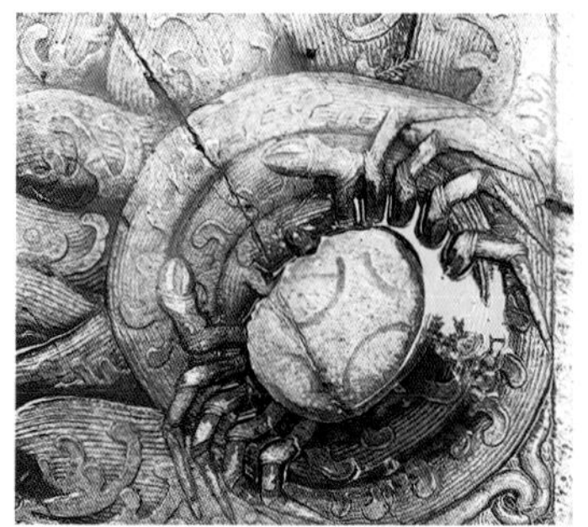
蟹

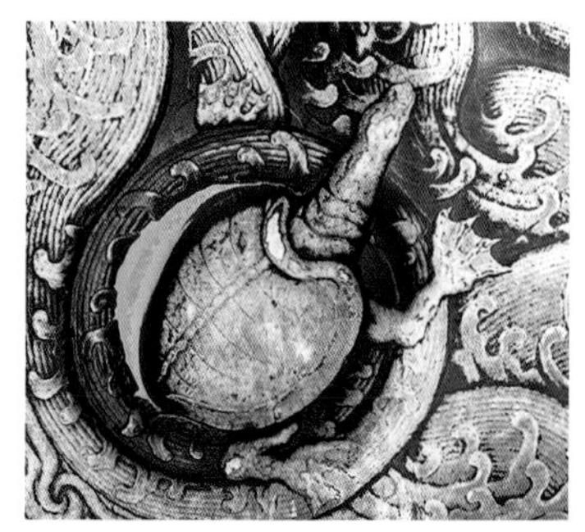
龟

带翅鱼化龙

这种海兽的外形特征为：龙头、鱼身、尾部有鳍、上身有翅，兼备龙、鱼、鸟的特征，可称为“带翅鱼化龙”。带翅鱼化龙兼具龙和文鳐鱼特征，其形象出现在钦安殿旗杆座中，有祥瑞之意。

带翅鱼化龙是鲤鱼身与龙首合体。相传在远古时代，金色和银色的鲤鱼想跳过龙门，飞入云端升天化为龙，但是它们偷吞了海里的龙珠，只能变成龙头鱼身，称之为鳌鱼。

带翅鱼化龙

据《山海经 · 海外西经》记载“鳌鱼在夭野北，其为鱼也如鲤”，可说明鳌鱼与鲤鱼有一定的关联。明代文人高明所撰《琵琶记 · 南浦嘱别》载有“但愿鱼化龙，青云得路，桂枝高折步蟾宫”，以“鱼化龙”来形容地位高升或取得功名利禄。

古建筑屋顶
鳌鱼状鸱吻

聂璜在其所著的《海错图》中的“飞鱼”下面题写了十六个字：“文鳐夜飞，霞红电赤。直上龙门，何愁点额。”另外还有这样一段描述：“康熙丁丑，闽之长溪得见是鱼，己卯又见。两划水长出于尾而赤，周身鳞甲皆红色，头有刺，土人称为飞鱼。”《本草拾遗》记载这种鱼有解毒消肿的药用功能。

《海错图》中的文鳐鱼

《海错图》是清代康熙时期的画家聂璜绘制的海底动物的图谱，聂璜称文鳐鱼为“飞鱼”

海和尚

“海和尚”是《海错图》中对龟身人形神兽的称呼。钦安殿旗杆座上的海和尚外形更像是鳖精，因为其外形具有乌龟壳，爬行的四肢已逐渐演化为手足，呈站立状，手持双锤，怒目圆睁，虎视眈眈，似乎在护卫海中平安。

海和尚是民间传说的海怪，如果渔民出海捕鱼看见海和尚，必须燃香把它请走，否则会产生翻船的危险。明人黄衷《海语》的“物怪”将海和尚的恐怖程度置于其他海怪之上，并认为它是不吉利的象征。海和尚有着海怪的造型和攻击性，使得其成为护卫钦安殿、震慑妖魔的重要异兽之一。

海和尚在外形上很像日本传说中的海怪“海坊主”。海坊主体形庞大，高约2米，头上无毛，生活在海里，常常在夜间集体出没，拦下航行的渔船，索要渔夫捕获的鱼。若得不到鱼，海坊主就会发怒，推翻渔船。当海坊主出现时，平静的海面突然卷起一个巨浪，从巨浪中探出的若干个黑色光头的巨大身影，常常使得渔夫担惊受怕。渔夫们往往看不清海坊主的面孔，只能看见蓝色的眼睛。而当渔夫们用船桨拍打海坊主时，它们会发出“哎呀”的声音，并发出攻击。

海坊主画像

海和尚

《海错图》中的海和尚
据《海错图》中对海和尚的记载，海和尚的外形是“鳖身人首而足稍长”。

海牛

海牛的脸型与猪有点相似，但海底异兽中的猪有着长长的獠牙。从健壮的身形和发达的四蹄来看，海底异兽中海牛的形象与陆地上的牛有着明显的相似之处，而与真实海牛的外形有着明显的区别。

相比而言，《海错图》中的海牛形象兼有鱼类的特征，具体描述为："南海有潜牛，牛头而鱼尾，背有翅。常入西江，上岸与牛斗。角软，入水既坚，复出。牧者策牛江上，常歌曰'毋饮江流'，恐遇潜牛。盖指此也。"

钦安殿旗杆座上这种海牛形象，与真实海牛差异巨大，可从某种程度上反映出帝王对陆地动物的神化，赋予其海底畅行的能力，以镇守钦安殿、护佑真武大帝。

海牛又有"美人鱼"之称，这一称谓的由来可追溯到数百年前。每当黄昏日落，或者明月高悬的时候，渔民常常会透过弥漫的水雾，看到一些袒胸露肤的美丽"女人"在海上游泳、嬉戏，还有的把自己的"婴儿"抱到胸前喂奶。而这些"女人"的下身像鱼一样，她们时而出现，时而又被海上的迷雾遮住，因此，"美人鱼"的传说也随之诞生。其实他们看到的是母海牛。母海牛的乳房丰满，高高隆起，像人的拳头那么大，还生有一对4至5厘米的乳头，当它给幼仔哺乳时，常用两个肥大的胸鳍抱起幼仔露出海面，所以在傍晚或月色朦胧中容易使人产生错觉。

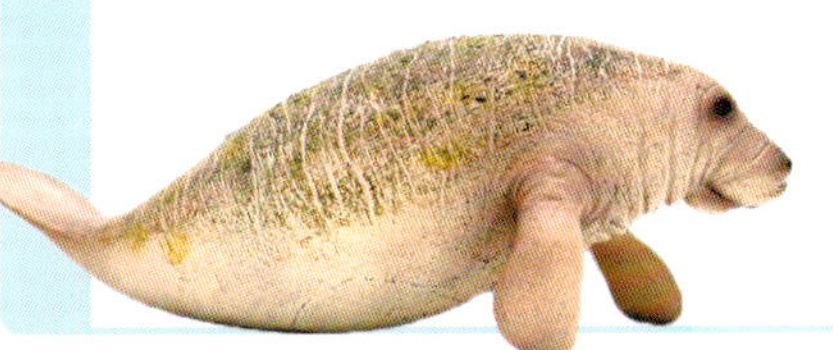

海牛

《海错图》中的海牛

海马

我们可以在旗杆底座上看到一匹马在水面上欢快地奔跑，此马被称为海马。《海错图》中记载了三种海马：“一种《异物志》所载，虫行善跃，药物中所用；《本草拾遗》亦载一种海山野马，全类马，能入海。郭璞《江赋》所谓‘海马蹀涛’是也；一种形略似马，鱼口，鱼翅而无鳞，四足无蹄，皮垂于下若划水，尾若牛尾……其身皆油不堪食。渔人网中得海马或海猪，并称不吉。”

旗杆座上海马的形象与海山野马相同，是用于护卫帝王、驱除邪恶的海中战神。

海马

《海错图》中的海马形象

《山海经 · 海外北经》记载：“北海内有兽，其状如马，名曰‘騊駼(táo tú)’。”“騊駼”是传说中善走的神马，因产于“北海”，故称之为“海马”。

《隋书》卷八十三介绍“吐谷浑”时所说：“青海周回千余里，中有小山，其俗至冬辄放牝马于其上，言得龙种。吐谷浑尝得波斯草马，放入海，因生骢(cōng，意为毛色青白相间的马)驹，能日行千里，故时称青海骢焉。”

宋代黄希、黄鹤的《黄氏补千家注杜工部诗史》载“水马生水中，善行如马，亦谓之海马”，说明了海马的来源。

(清)故宫博物院藏
雍正款斗彩海马图盘

(清)青玉海马佩

太庙前丹陛石上海马

海象

海象与陆地上的大象非常相似：体形庞大，有着长鼻、长牙和大耳，其主要特征就是陆地上的象在海中拥有特有的权力。

钦安殿海象的形象反映了明代帝王赋予陆地动物海底畅行的能力。当这头海象镇守在钦安殿前时，可以抵抗各种邪魔的入侵。

（明）成化斗彩海象纹天字罐
明代的海象保留长鼻、长牙的特征，而身形则与龙有着某种程度的类似。

海象

蛤蜊精

蛤蜊精为人形蛤蜊，其双足立于海中，双手执类似于叉的兵器，镇守海域，阻挡各种入侵的妖魔，是护卫玄天上帝的辟邪神兽。清人段玉裁描述过三种不同的蛤：第一种是千岁鸟变成的蛤蛎，其实是海蛎，属于牡蛎壳贝类；第二种百岁燕（雀）变成的海蛤，才是我们今天说的蛤蜊，包括花蛤、文蛤、西施舌等蛤类；第三种是老蝙蝠（服翼）变成的魁蛤，如今称蚶，属于蚶科蚌类。《述异记》中也有类似的解释：“淮水中黄雀，至秋化为蛤，春复为黄雀。雀五百年化为蜃。”

蛤蜊精

《说文解字》中有：“蛤，蜃属。有三，皆生于海：厉，千岁鸟所化，秦人谓之牡厉；海蛤者，百岁燕所化也。魁蛤一名复絫，老服翼所化也。”

蛤蜊精

《海错图》中的蝙蝠变蛤蜊

《海错图》中的“雉入大水为蜃”

《海错图》中的瓦雀变蛤蜊

椒图

我们去故宫参观的时候，会发现很多大门中间有一对铜质小兽纹像，这个铜质构件叫作铺首，而铺首的纹饰则被称为椒图，椒图常被看作“龙生九子”中的一子。

以启祥门为例，其大门中间的小兽纹像的头部由一圈漩涡的鬓毛包围，眉毛亦以漩涡纹组成，似螺蛳壳上的漩涡纹，同时又如雄狮的颈部一圈的鬓毛。从其整体形象来看，突目、牛鼻、头上犄角，嘴中一排整齐的牙齿衔着环，左右嘴角各一獠牙，这些特征与龙有着密切的联系。

启祥门椒图

啓祥門

铺首属于门环的一种，或者可以说，铺首是门环的高级形式。一般而言，门环都被做成门钹形式。它们既能当作门拉手及敲门物件，又有装饰、美化大门门面的艺术效果。门钹的造型多样，做成兽面形时，则被称为“铺首”。

从实用功能上讲，铺首是提醒主人有客到访的工具。西汉文学家司马相如所撰《长门赋并序》载有“挤玉户以撼金铺兮，声噌吰而似钟音”。作为门的饰物，铺首衔接的环与铺首下半部分相碰撞，发出沉闷而威严的声音，提醒门内主人宾客的到达。

门钹

青铜器上的饕餮纹
铺首形象可能源自先秦饕餮纹。

铺首距今已有两千多年的历史，造型多种多样，既有非常简单的形状，也有异常繁复逼真的凶猛奇兽的头部造型。经常出现在商周以及汉代的陶器、铜器的腹部，东汉的画像石、秦汉魏晋时期墓葬的墓门和棺椁上也可以见到。汉代开始，铺首造型逐渐出现于建筑大门上。《汉书·哀帝纪》记载：“孝元庙殿门铜龟蛇铺首鸣。”唐代颜师古注：“门之铺首，所以衔环者也。”

（汉）四神纹玉铺首正立面
该铺首刻有青龙、白虎、朱雀、玄武“四象”造型。青龙位于铺首右上方，身体蜷曲，两牙咬住云纹，极其富有力量；白虎位于铺首左上角，两前腿踩着云纹，虎视眈眈注视前方，极具威慑力；朱雀位于铺首右下方，两羽与云纹相交融，尾部向中心延伸，呈回首展翅状，造型特征丰富；玄武位于铺首左下方，其龟身藏匿于云纹下，龟首则伸出咬住一条游动的蛇，造型极具神秘感。现藏于陕西茂陵博物馆。

我国古建筑大门铺首的兽面纹缘起，主要还是原始图腾崇拜，用于驱邪和镇宅。清人汪楫在《使琉球杂录》上说“人家门户必安兽头”，即通过在大门上安装兽头的方式，以求得家宅平安。

畅音阁一层匾额端部的兽头像

在畅音阁一层匾额两端安装兽头造型主要为了消灾辟邪。

椒图造型

汉代人认为，铺首的形象为“螺蛳”。《后汉书》卷九十五载有“殷人水德，以螺首慎其闭塞，使如螺也”。以螺蛳为原型加以变化，用在门的铺首之上，象征着坚固与安全。明代杨慎在《艺林伐山》中说，椒图是龙生九子的第九子，其形状像螺蚌，性好闭，最反感别人进入它的巢穴，因而其造型常被人们刻在大门上，用于守护大门。于是，椒图作为龙子并兼有闭锁形象的特征，被运用到了门钹的位置并衔环。自“龙生九子”说法出现后，椒图即成为大门铺首的主要形象。

紫禁城宫门铺首上的椒图纹饰，不仅具有龙的特征，而且造型凶猛，给人以震慑之感，这是古代帝王借助龙的形象来达到辟邪、镇宅的目的。除此之外，它还区分了建筑的等级。据《明会典》记载：“洪武二十六年定：王府、公侯、一品、二品府第大门可用兽面及摆锡环；三品至五品官大门不可用兽面，只许用摆锡环；六品至九品官大门只许用铁环。”紫禁城古建筑大门上的椒图铺首，正是帝王居所等级之高、不可冒犯的体现。

蚣蝮和趴蝮

蚣蝮是明代杨慎“龙生九子”中的老六，趴蝮为明代进士陈耀文定义的“龙生九子”中的老六。二者实质为同一种神兽，有镇水、驱邪的作用。通常台基栏板处的排水兽被称为“蚣蝮”，桥头处排水兽被称为“趴蝮”。

蚣蝮

北京市一般每年6月份开始进入汛期，而排水是防汛的主要措施之一。位于北京市中心的紫禁城有着优秀的排水系统。公众去故宫参观，会注意到很多宫殿建筑的室外台基栏板端部有龙头造型的排水设施，其名称为蚣蝮。

这种排水神兽在本书中被称为蚣蝮，主要源于“龙生九子”中的排水兽，其造型的主要特点是具有龙头的外观。明代文学家杨慎所著《升庵集》之卷八十一“龙生九子”部分，载有“六曰蚣蝮，性好水，故立于桥柱”，即龙生九子

蚣蝮近照

蚣蝮双角后张，唇部上扬，獠牙尖耸，眼如铜铃，耳如长管，极具震慑之感。

之老六为蚣蝮，这种龙好水，一般立于石桥、石柱附近。另明朝进士陈耀文所著《正杨》之卷四的相关记载为“六曰虮蝮，性好水，故立于桥柱”。由此可知，虮蝮即为蚣蝮。古人认为，暴雨时节，洪水泛滥时，蚣蝮（虮蝮）便将水吸入自己腹中，并及时排出，以消除水患。营建紫禁城的古代工匠巧妙地把蚣蝮形象运用到了台基排水系统中，使之发挥作用。

蚣蝮的排水设计具有科学性。

首先，蚣蝮所处的高程有利于排水。蚣蝮位于台基望柱（望柱是指栏板之间的立柱）的底部，其嘴部的出水口是整个台基地面的最低点。古代工匠在铺墁台基地面时，会考虑排水需要，将地面铺墁成具有不易察觉的微小坡度，使得地面离建筑越远，其高程越低。在望柱底部，古代工匠会安装蚣蝮，使其仅露出头部，且其尾部作为进水口，嘴部作为出水口，且使其在整个台基的高程最低。这样一来，雨水沿着排水坡度很快汇集到蚣蝮造型位置，并从蚣蝮尾部汇入，从嘴部排出。

其次，蚣蝮的“肚子”有利于临时存水。台基地面的雨水，通常流向栏板底部位置，并汇入蚣蝮尾部的进水口。

紫禁城古建筑台基端部的蚣蝮

> 有人认为故宫排水兽是螭首，其实不然。东汉时期文字学家《说文解字》卷十三上载有“螭，若龙而黄，北方谓之地蝼，从虫，离声，或无角曰螭”，由此可知，“螭”属于没有角的龙。

> 从造型来看，蚣蝮属于“龙生九子”之一，其外观与紫禁城其他龙既有相似之处，又有一定区别，反映了我国古代的镇物文化。所谓镇物，就是古人认为的辟邪物，所辟克的对象多为鬼祟、妖邪、敌害等，古人希望利用镇物来抵御各种潜在的灾祸。蚣蝮就是古人认为的镇水兽之一，可以镇住“水怪”，防止其产生水患。

而在暴雨时期，雨水量较大，汇集在栏板底部位置的雨水较多，若存积时间过长，则雨水有可能渗入栏板与地面的接缝中，使得土体松动，从而造成安全隐患。蚣蝮内部有较大的空间，犹如产生“吸水”功能，有利于栏板底部的雨水迅速汇入进水口，避免了雨水在栏板位置的积存。

再次，蚣蝮突出台基外的造型可以保护台基。若蚣蝮的排水口与台基侧壁相齐，那么雨水就会沿着台基侧壁往下流向地面，不仅会污染台基侧壁的须弥座石，而且会造成侧壁渗水的安全隐患。古代工匠将蚣蝮造型凸出在台基侧壁以外若干尺寸，可以使得雨水向前、向远方排出，避免了上述隐患的发生，且形成良好的排水效果。以前朝三大殿（太和殿、中和殿、保和殿）三层台基上的1142个蚣蝮为例，在雨季时节，这些排水兽造型不仅能发挥有效排水功能，而且还形成“千龙吐水”的奇观。

暴雨中太和殿三台蚣蝮排水

蚣蝮

我国传统水文化中的镇水习俗，可以追溯到夏禹。相传大禹在治水过程中，每治理一处，必铸一头铁牛沉入水底，用其克制水怪，以伏波安澜。历史上较早用牛进行镇水的是李冰。他在修建都江堰时，下令雕刻了五只石犀，两头运到了成都，另外三头则在灌县（今都江堰）的江中，用于镇水。其中一只石犀现藏于成都博物馆，长3.31米、宽1.38米、高1.93米，重约8.5吨。

镇水神兽之石犀

石犀的耳朵、眼睛、下颌和鼻部清晰可辨，局部装饰卷云图案，四肢短粗，身体浑圆。

在故宫文华殿、武英殿区段的内金水桥拱顶，可见外形似龙非龙、似兽非兽、阔嘴大头、犄角蜷曲面目狰狞的神兽首像，这种神兽叫作蚣蝮。其双目圆瞪，张嘴獠牙，注视水面，似乎随时准备与咆哮而来的洪水和兴风作浪的水怪大战一场，以此彰显自己镇水神兽的身份。

明朝藏书家郎瑛所撰《七修类稿》卷二“天地类”载有“当闻老人相传历日所载，龙多治水即雨少，龙少即雨多也”。这里提到的龙，就是蚣蝮。因蚣蝮好饮水，故将其立于桥边，用“神力”来镇祛水怪。古人多在桥的拱顶、望柱、桥翅以至栏板上雕刻蚣蝮形象，以达到震慑水怪、保桥平安目的。故宫内金水桥上的蚣蝮就是这样。

蚣蝮近照

故宫武英殿段内金水桥（断虹桥）上的蚣蝮像

故宫文华殿段内金水桥上的蚣蝮像

值得一提的是，由于虮蝮喜波弄水，古人为防止其兴风作浪，在某些古桥侧使用了锁龙的铁链。按照五行的学说，有鳞的虫子对应的是木，龙作为“百鳞之长”，自然也为木性。根据五行相克之理，金当克木，所以龙最害怕的就是金属，于是古人常用铁链来锁住虮蝮。

内金水桥的虮蝮还有显示水位线的实用功能，在一定程度上还具有代表和观察水位线枯涨的实用价值。雨季紫禁城内金水河水位上涨，水位线漫到虮蝮位置时，就意味着需要采取泄洪的措施了。

万宁桥坐落于北京地安门外，什刹海附近，位于北京中轴线上，始建于元世祖至元二十二年（1285），原为木桥，后改为石拱桥。桥的前后两侧，河道两岸各分别趴着两只神兽虮蝮，纹路清晰、雕刻手段精致。关于镇水兽的神话有很多，据说动了镇水兽，北京城将被水淹七年；类似的传说还有北新桥下的古井，相传与刘伯温有关。而今天的北新桥那口古井、铁链都已看不见了。

什刹海万宁桥券洞顶部虮蝮

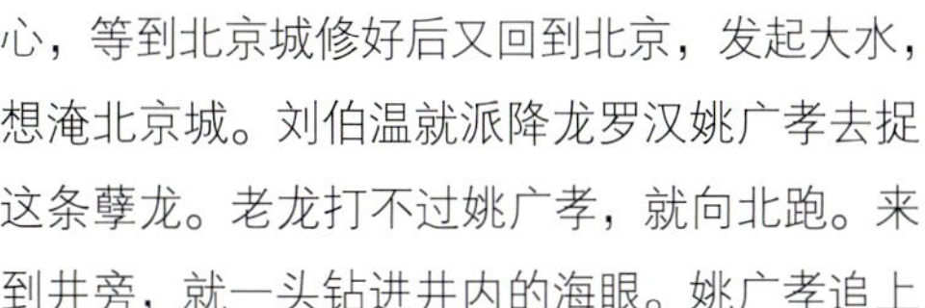
首都博物馆藏虮蝮

北新桥锁龙井的传说

北京地铁五号线有一个站点，叫作北新桥站，得名于地面上的一座桥——北新桥。关于北新桥名的来历，有一个传说：刘伯温修北京城的时候，把苦海幽州的老龙赶出了北京。老龙怀恨在心，等到北京城修好后又回到北京，发起大水，想淹北京城。刘伯温就派降龙罗汉姚广孝去捉这条孽龙。老龙打不过姚广孝，就向北跑。来到井旁，就一头钻进井内的海眼。姚广孝追上来，看到老龙钻进井内，就取出一个长铁链，向井内一投，把老龙锁在井内。并在井上修了一座桥，把老龙压在井下。老龙不服，就抱怨说：“是刘伯温占了我的地方，应该还给我。”姚广孝说：“等桥旧了就放你出来。”老龙一听，心想，桥总是要旧的，就同意了姚广孝的条件。姚广孝给桥起了一个名字，叫作“北新桥”。后来老龙再也没有出来过，北京城也没有闹过水灾。

北新桥

螭吻

故宫古建筑正脊（前后屋面坡的交线）的两端，多有龙形兽首，其名称为螭吻。螭吻是紫禁城古建筑防火的镇物，其外形是汉代鸱尾数次演变的结果。

螭吻的雏形是鸱尾。相传西汉时期柏梁殿发生火灾，有越（粤）地巫师说海中有大鱼，虬龙形状，与“鸱”相似，可激起巨浪，产生降雨，可以灭火，因而后来将鸱尾形象置于屋顶，以作镇火之用。

明清以后，螭吻这一名称开始大量出现，并且大多与“龙生九子”说法密切相关。明代杨慎撰《升庵集》卷八十载有“俗传龙生九子不成龙，各有所好……二曰螭吻，形似兽，性好望，今屋上兽头是也”，可知螭吻是龙生九子之老二。

在古建筑工程领域，因为螭吻位于屋顶正脊两端，因此螭吻又被称为正吻。以太和殿为例，正吻由吻口、龙身、脖子、卷尾、中央、前爪、后爪、火焰、剑把、背兽等部分组成，张牙舞爪，咬住正脊，极具震慑之感。

太和殿屋顶螭吻

东汉许慎《说文解字》卷十三上载有：“螭，若龙而黄，北方谓之地蝼，从虫，离声，或云无角曰螭”，说明这种叫作“螭”的龙形兽，无角，色黄。

鸱尾

我国现存最早的木结构古建筑实物为唐代的南禅寺，因而对于唐之前的建筑样式仅能通过明器、墓葬壁画等文物来判断。徐州博物馆藏东汉时期陶楼，其屋脊两端有翘起。虽然不能证明该翘起部分肯定是鸱尾，但样式与鸱尾极为相似，因此不排除在东汉时期已有在屋脊端部的鸱尾做法。

北朝北齐人魏收所著《魏书》卷七十七载有“（刺史李世哲）逼买民宅，广兴屋宇，皆置鸱尾”，可反映至少在曹魏时期的史料中已有屋顶置放鸱尾的做法，且这种做法一般用于较高等级的建筑中。所以，鸱尾一词，至少在北魏时期就出现过。

北魏时期地理学家郦道元所撰《水经注》之卷三十六载有“飞观鸱尾，迎风拂云”。他所描述的建筑应该为范文所建的林邑国，大概在今天越南南部顺化，秦汉时期归属象郡管辖。

（东汉）陶楼
这时的屋脊两端已有翘起，与鸱尾极为相似。现藏于徐州博物馆。

（北魏）大同市云波路石椁内的陶屋
可见这时的屋脊两端有明显翘起的鸱尾。

鸱吻

后来又出现鸱吻一词。从造型来看，鸱吻相比于鸱尾而言，变化明显，大概出现于唐代。在唐代，鸱由早期的鸱尾变成了中期及后来的鸱吻，鸱吻即露出了龙形脸部，咧嘴獠牙，做张口吞脊状，形貌狰狞，用于驱邪镇火。

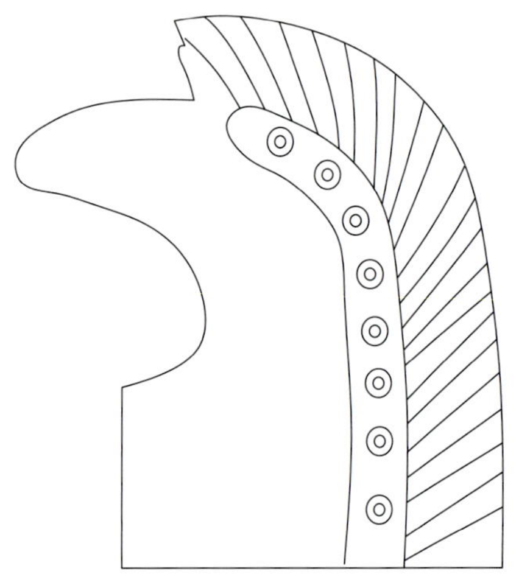

南禅寺大殿鸱尾示意图

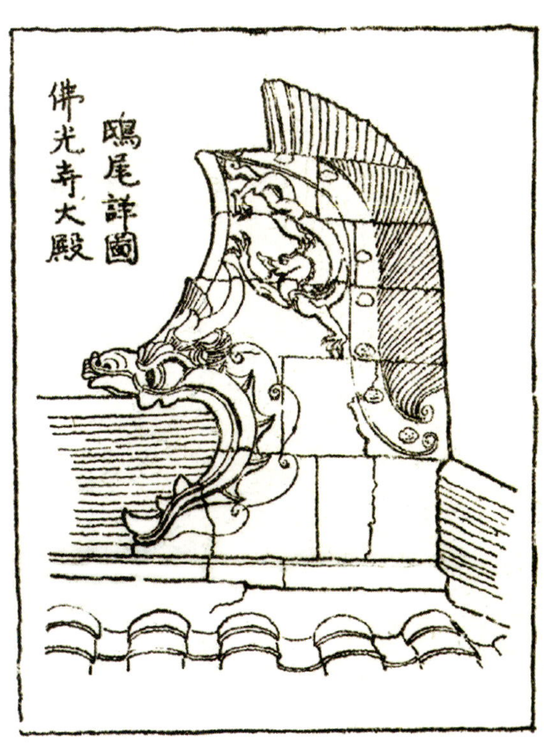

梁思成先生手绘佛光寺东大殿鸱吻

梁思成绘制的佛光寺东大殿鸱尾，不仅有鱼尾，还有鱼尾前部的龙形神兽，瞪眼张嘴，做吞脊状。

鸱吻一词较早见于初唐僧人释道世所撰《法苑珠林》中。《法苑珠林》卷第二十一载有“雷电震掣，烟张鸱吻，火烈云中”。鸱吻与蚩吻意同。晚唐小说家苏鹗所撰《苏氏演义》之卷上载有“蚩者，海兽也。汉武帝作柏梁殿，有上疏者云：蚩尾，水之精，能辟火灾，可置之堂殿，今人多作鸱字”，“见其吻如鸱鸢，遂呼之为鸱吻”。这段话说明，在汉武帝建造柏梁殿时，就有大臣建议在屋顶放蚩尾，以用于镇火。“蚩”为海中神兽，可以镇火；由于“蚩”的嘴部像鸱鸢，因而后来（主要是指唐代）被称为鸱吻。那么，什么是鸱鸢？其实它是指鹞鹰。如唐代诗人韦应物所撰诗《鸢夺巢》载有“野鹊野鹊巢林梢，鸱鸢恃力夺鹊巢”。

此后辽、宋、西夏、金、元、明、清的鸱吻均变为龙首鱼身的镇火神兽，而该神兽的形象，主要源于印度佛教“摩羯鱼”。

鸱尾一词在明清仍在使用，后逐渐由鸱吻代替。《明史》之卷二十八载有“万历三年六月己卯，雷击建极殿鸱吻；壬辰，雷击端门鸱尾”。

故宫钟粹宫正吻

国家博物馆藏鸱吻

山西省运城市三清殿琉璃鸱吻

摩羯鱼

摩羯鱼是鸱尾转变成鸱吻的中介。摩羯鱼，亦称“摩伽罗鱼”，为印度神话中想象的大鱼，被认为是河水之精，有着翻江倒海的神力。摩羯鱼性恶，能损坏船只、伤害人类，后被释迦牟尼驯服，弃恶从善。大约在东汉时期，随着印度佛教的东传，摩羯鱼的形象已开始在我国出现。东晋画家顾恺之根据曹植《洛神赋》所作的传世名

北魏杨衒之所撰《洛阳伽蓝记》之卷第五记载：“至辛头大河，河西岸上有如来作摩羯大鱼，从河而出，十二年以肉济人处，起塔为记。”这句话说明，摩羯鱼为佛教神物，是如来佛祖为了救治摩羯国百姓的疾病，跃入水中，化身的大鱼。摩羯国的百姓吃了摩羯鱼的肉，如服灵丹妙药一般，病体痊愈了。

（东晋）《洛神赋图》中的摩羯鱼

画《洛神赋图》，绘出了摩羯鱼的形象：体形硕大，鱼形，卷鼻，张嘴露牙，面目狰狞。

摩羯鱼体量大如鲸，其造型自唐代起，又多与龙有关。这种龙首、鱼身带翼的造像，可说是摩羯中国化的基本模样。《一切经音义》卷第二十载有“摩伽罗鱼，亦言摩羯鱼，正言摩迦罗鱼，此云鲸鱼也”；卷二十三载有“摩羯鱼，此云大体也。谓即此方巨鳌鱼，两目如日，张口如涧谷，吞舟光出，濆流如潮，歙水如壑，高下如山，大者可长二百里也”。上述文字说明：摩羯鱼体形硕大，类似鲸鱼，外形与鳌鱼又有相似之处。

前述“带翅鱼化龙”介绍了鳌鱼的造型特征，而古人又认为，鳌鱼是被观音驯服的。从四川新津县（今成都市新津区）观音寺中的飘海观音像雕塑来看，观音脚踏鳌鱼，立于惊涛骇浪之中，其背景则是四川峨眉山、浙江普陀山和山西五台山全景。塑像中的鳌鱼形象，正是龙首鱼身的造型。

鳌鱼造型被置于屋顶，与防火相关。明代藏书家郭良翰所撰《问奇类林》卷二十八载有“鳌鱼其形似龙，好吞火，故立于屋脊”。由此可知，古建筑屋顶的摩羯鱼、鳌鱼、鸱吻尽管造型不同，但根源相同，功能相同。

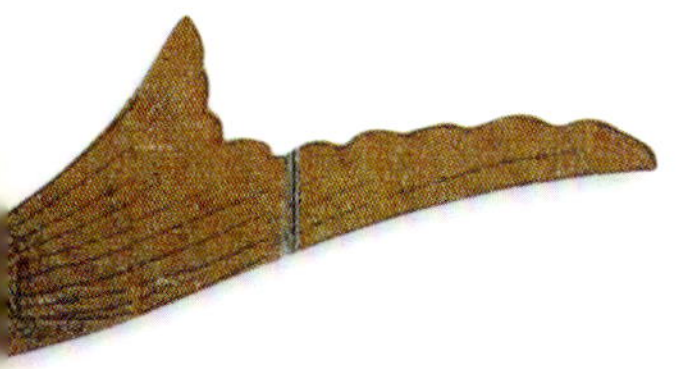

（清）故宫博物院藏青玉鳌鱼式花插

明代小说家许仲琳撰《封神演义》第八十三回“慈航收服狮象吼”载有“只见乌云仙把头摇了一摇，化作一个金须鳌鱼，剪尾摇头，上了钓竿”，可说明鳌鱼曾被观音（慈航）驯服。明代官员周应宾所撰《普陀山志》卷十五载有“东侧弥陀佛西侧鳌鱼观音”，描述了看到的观音像立于鳌鱼之上。浙江舟山的普陀山法雨寺九龙殿观音像足踩一条海鱼，称为“海岛观音”；梵音洞庵观音像与鳌鱼相连，称其为“鳌鱼观音”。

屋顶神兽

公众如果去故宫参观，就会发现几乎每座宫殿建筑的屋上都会有序排列着一排神兽，而且，不同的建筑屋顶，上面神兽的数量也不一样。屋顶神兽数量越多，建筑等级越高。

故宫屋顶的神兽，除了“龙前凤后”的顺序固定外，其他的神兽排序没有严格的规定，只是通过神兽的数量来体现建筑的等级。除最高等级的太和殿以外，所有屋顶神兽皆为单数，且天马、海马、狻猊、狎鱼位置可以互换，可以为：

数量	神兽
1个	龙
3个	龙、凤、狮子
5个	龙、凤、狮子、天马、海马
7个	龙、凤、狮子、天马、海马、狻猊、押鱼
9个	龙、凤、狮子、天马、海马、狻猊、押鱼、獬豸、斗牛

屋脊是屋面两个坡的交线，这个位置用来粘瓦的泥巴一般非常厚且松软，瓦放在泥巴上容易产生下滑。为了防止瓦下滑，古代工匠常常用钉子来固定该部位的瓦。然而，裸露的钉子很容易在空气中生锈，因而工匠便给钉子戴了个“帽子”，这个帽子的造型就是不同形象的神兽。久而久之，神兽逐渐与屋脊部位的瓦件连成一体了。

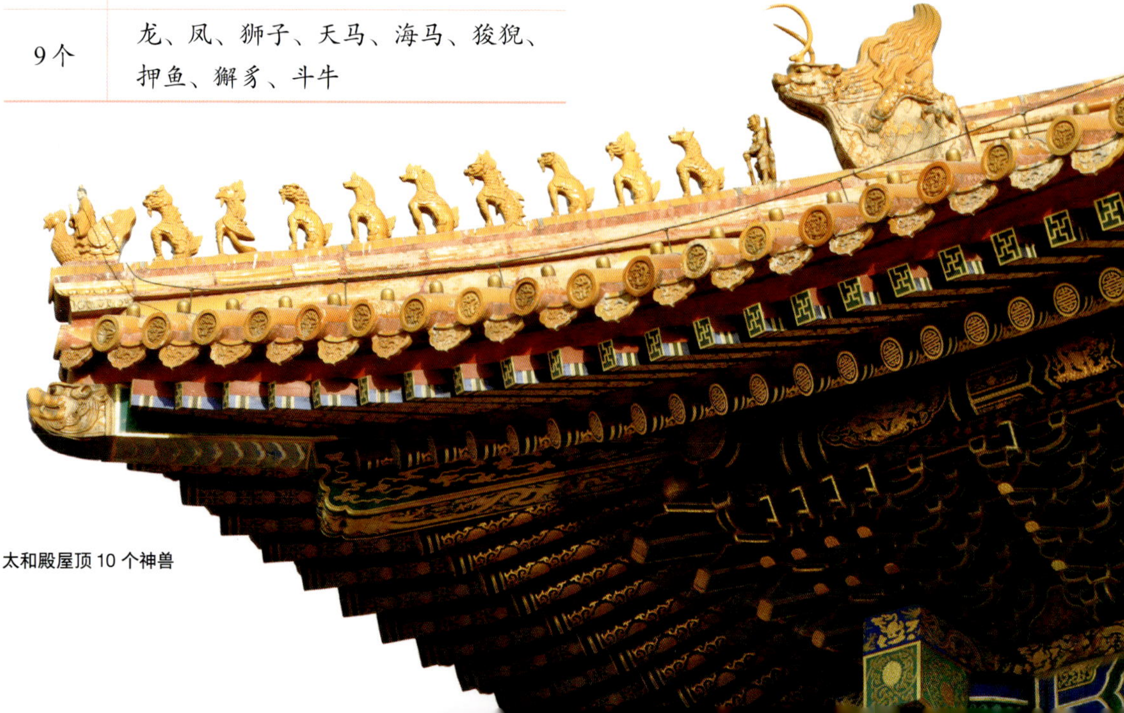

太和殿屋顶 10 个神兽

故宫古建筑屋顶的神兽数量可否为双数?

在故宫东西六宫区域，有的门洞和井亭屋顶神兽数量为双数，这并不代表故宫古建筑屋顶的神兽数量可以为双数。因为在古建筑领域，四根立柱围成的空间为标准的“一间房”，最典型的“一间房”即为井亭。对于东西六宫的门洞而言，它不属于一间房，只能算是建筑陈设，因而屋顶的神兽数量可以为双数。

门洞屋顶局部

井亭

门洞屋顶神兽

而对于太和殿而言，其屋顶神兽数量为双数——10个：龙、凤、狮子、天马、海马、狻猊、押鱼、獬豸、斗牛、行什。我们就以太和殿为例，讲解这10个屋顶神兽的含义。

凤

凤寓意吉祥美好，亦是皇权的象征，代表皇后嫔妃。

凤

龙

龙是天子化身。把龙放在最前面彰显了皇权的威严。

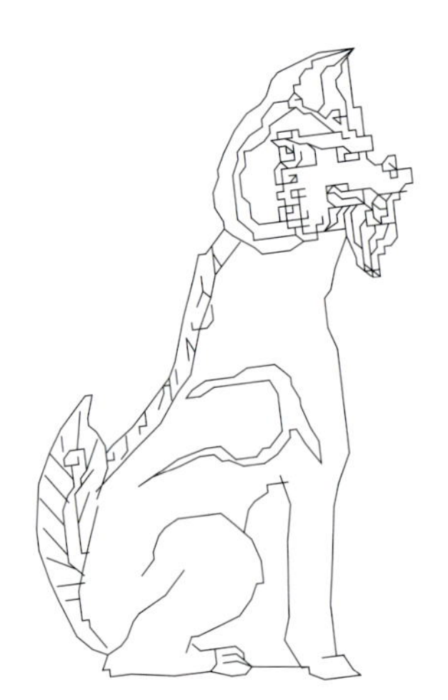

龙

天马

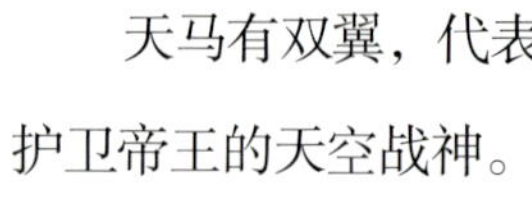

天马有双翼，代表护卫帝王的天空战神。

天马

汉朝时，天马为来自西域良马的统称，“状如马，能日行千里，追风逐日，凌空照地”，这是人们心目中的神马。东汉史学家班固所著《汉书·礼乐志》记载有：“太一况，天马下，沾赤汗，沫流赭。志俶傥，精权奇，籋浮云，晻上驰。体容与，迣万里，今安在，龙为友”。

狮子

狮文化和堪舆文化结合，使狮子成为威严的镇殿之宝，寓意护卫皇权。

狮子

狻猊一词最早出自汉代辞书《尔雅·释兽》："狻麑如虦猫，食虎豹。"郭璞注："即狮子也，出西域。"西周书籍《穆天子传》卷一有："狻猊□野马走五百里。"郭璞注解说明："狻猊，狮子，亦食虎豹。"

海马

海马顾名思义，就是生活在海中的马。海马忠勇吉祥，智慧与威德通天入海，畅达四方，驱除海中邪恶，护卫主人平安。在这里，海马代表护卫帝王的海中战神。

海马

狻猊

狻猊

狻猊是我国古代神话传说中龙生九子之一，形如狮，头披长长的鬃毛，因此又名"披头"。在这里，狻猊代表护佑帝王平安的神兽。

押鱼

押鱼又称狎鱼，是海中的一种异兽，其外形特点为龙首鱼尾、前足有爪、后背有脊。在我国古代神话传说中，押鱼是兴云作雨、灭火防灾的神兽，它能喷出水柱，灭火防火。这种能力是紫禁城古建筑非常需要的。紫禁城古建筑以木结构为主，很容易着火。押鱼以龙与鱼组合的形象，坐落在紫禁城古建筑屋顶之上，既体现了紫禁城作为帝王的场所的形象需要（龙），又兼有灭火防灾的寓意。

押鱼

獬豸

獬豸是我国古代神话传说中的神兽，体形大者如牛，小者如羊，全身长着浓密黝黑的毛发，双目明亮有神，额上通常长一角，俗称独角兽。尽管广义的獬豸代表我国传统的吉祥神兽和“任法兽”，在这里寓意却完全不同，它昭示着皇权官本及封建礼制神圣不可侵犯，是维护帝王统治的工具代言。因而，此处的獬豸寓意护卫皇权的神兽。

獬豸

斗牛

斗牛

斗牛是传说中的一种虬龙（一种有角的龙），其外形特征为牛头龙身，牛身有鱼鳞，尾巴类似鱼鳍。斗牛与狎鱼作用相近，为镇水兽，常常盘缠在屋脊或房檐之上，可遏制水患的发生。

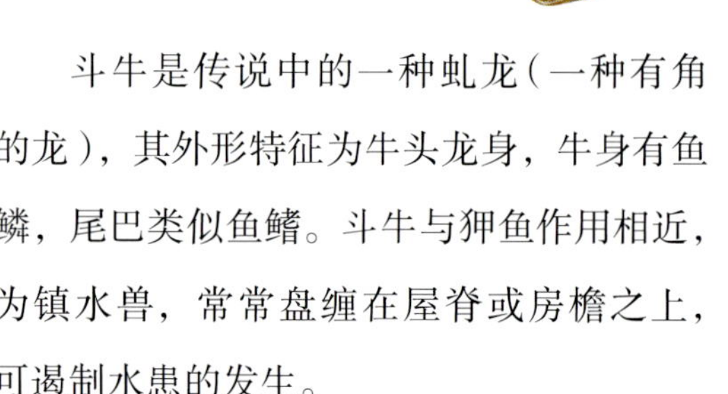

行什

之所以被称为“行什”，是因为该神兽在太和殿屋顶排行第十。头戴环冠，尖嘴獠牙，圆鼻上翘，双目圆鼓，硕耳耸立，上身裸露，乳凸腹鼓；呈站立状，双手十指交叉，置于宝杵顶部；脚趾则为四爪形，立于瓦背面；背后有一对张开的翅膀，似做飞行状。该造型与雷神（又名雷公）密切相关。把雷神造型“请”到太和殿屋顶上，是对雷神“膜拜”的一种方式，以祈愿太和殿免遭雷击。

行什

《山海经》记载：“雷泽中有雷神，龙身而人头，鼓其腹。”此处“雷泽”指今太湖，“鼓其腹”即通过拍打腹部发出雷声。从汉代起，雷神造型逐渐多样化。如东汉《论衡》记载：“又图一人，若力士之容，谓之雷公，使之左手引连鼓，右手推椎，若击之状。”此处雷神的造型如力士，通过击鼓的方式产生雷声。又如东晋《搜神记》记载：“（雷神）唇如丹，目如镜，毛角长三尺，余状似六畜，头似猕猴。”此处雷神的脸部造型与猕猴相似。初唐时期的莫高窟壁画的雷公形象，有力士状身形、猕猴状脸形、背带双翅形，与太和殿屋顶的行什造型有着一定的相似性。

仙人骑凤

仙人骑凤

位于屋脊最前面，排列在 10 个小兽之前的造像，是一个骑着凤鸟的仙人，我们称之为“仙人骑凤”。这个造型不属于神兽，而是道士和凤的组合。朱棣对道教亦极为推崇，所以道士装扮的仙人造型，自明代起大范围出现在皇家建筑屋顶上。凤亦与道教密切相关，“九凤破秽”是道教中的一种法术，主要用于清除邪秽之气。

凤还与火有一定的关联。宋代李昉《太平御览》上有“凤，火精”“火离为凤”等说法，都指出了凤与火的关系。而仙人造型很有可能与朱棣信奉的真武大帝有关，真武大帝是道教里的水神，可镇火。因此，仙人骑凤的造型既代表明代帝王对道教的信仰，亦含有消灾驱邪，特别是防火的寓意。

第3章

纳福神兽

迎祥纳福是我国传统民俗文化的重要内容。古代帝王和百姓一样，都希望有祥瑞的兆头降临。为营造美好、祥和、福运等吉祥寓意的环境氛围，故宫的内廷建筑多有纳福神兽的造像。储秀宫前的铜鹿、慈宁门前的麒麟、御花园石子路面的神兽像、灵沼轩墙体上的神兽像等，都是故宫内具有祥瑞寓意的神兽，它们除了象征福运，还有相关的历史文化内涵。

鹿

故宫西六宫之一的储秀宫，位于咸福宫之东、翊坤宫之北，明清时为妃嫔所居。我们今天看到的储秀宫，大部分为慈禧于光绪十年改造后的建筑外观及陈设。其中，建筑门前的一对铜鹿格外引人注目。

储秀宫面阔五间，前出廊，单檐歇山屋顶，建筑外观及体量较为低调。储秀宫是明清后妃的居住之处，而且为慈禧一生最为重要的居所。慈禧是叶赫那拉氏的徽号，该徽号启用于咸丰十一年（1861）九月三十日。叶赫那拉氏从咸丰二年（1852）五月初九入宫之初，一直到执掌天下，大部分时间都住在储秀宫。在这里，她度过了作为兰贵人、懿嫔、懿妃、懿贵妃的近十年最美好的岁月。

咸丰六年（1856）三月廿三日，叶赫那拉氏在储秀宫后殿生下载淳，即后来的同治皇帝。咸丰十年（1860），英法联军发动了第二次鸦片战争，攻进北京，焚烧圆明园。时年八月，叶赫那拉氏随从咸丰仓皇逃往热河（今河北承德）避暑山庄。咸丰十一年（1861）七月，咸丰皇帝病死于避暑山庄“烟波致爽”殿内；九月，叶赫那拉氏与清廷成员从热河还京时，她的身份已经是皇太后了；九月三十日，叶赫那拉氏（圣母皇太后）、钮祜禄氏（母后皇太后）等人发动政变，夺取了政权。自此，叶赫那拉氏被称为“慈禧太后”，钮祜禄氏被称为“慈安太后”。随后不久，慈禧由养心殿平安室移居长春宫。光绪十年（1884），慈禧在五十寿辰时，又搬回了储秀宫。

储秀宫外立面

储秀宫前的铜鹿

储秀宫门前铜鹿据传为清光绪九年（1883）铸造，高1.6米，宽约0.3米，置于高0.22米的铜座上。有着长长的梅花形犄角，显示出一种丽人般的气质。其眼神柔顺，嘴唇微张，驻足静立，又给人以驯服、祥和之感。

为什么慈禧对储秀宫有深厚的感情？

光绪十年（1884），已居长春宫十年的慈禧太后，为庆祝五十大寿，又搬回储秀宫，同时打破了乾隆帝定下的祖制，耗费白银六十三万两重修宫室。院内游廊墙壁上的题词，即当时大臣为慈禧太后祝寿的万寿无疆赋。需要说明的是，据《国朝宫史》载，乾隆于八年（1743）十二月十二日颁布上谕："十二宫陈设器皿等件布置停妥，永远不许移动，亦不许收贮。"

曾经伺候慈禧八年的宫女何荣儿认为慈禧搬回储秀宫，是颇有深意的。她在《宫女谈往录》（北京：紫禁城出版社，1991年版）回忆了其中的原因：其一，慈禧十七岁入宫，储秀宫为咸丰皇帝对她的雨露之处，她的青春也都埋葬在此；咸丰死后，她一直守寡，而储秀宫处处都有记忆，是其对咸丰帝眷恋之所。其二，储秀宫是慈禧发迹之地；慈禧在储秀宫后殿丽景轩，生下了载淳，她的地位由嫔荣升为妃，并进一步荣升为贵妃；咸丰皇帝死在热河，载淳即位，有利于慈禧干政及掌权。所以她长期居住在储秀宫，是有她的心机的。

丽景轩外立面

为什么慈禧要在储秀宫前安放一对铜鹿?

◎ 爱情

鹿可代表爱情。如丽的繁体字为“麗”，这是与鹿有关的象形字，像两张鹿皮之形。而古人嫁娶男方要送女方以两张鹿皮作为聘礼，寓意迎娶美丽的姑娘。宋人刘恕撰《通鉴外纪》载：“上古男女无别，太昊始设嫁娶，以俪皮为礼。”“太昊”便是伏羲，“俪皮”则是指成对的鹿皮。伏羲创立嫁娶制度，这便是最古老的婚姻制度，而俪皮也因此成为古代婚礼必备的聘礼之一，只要有条件的人家都会准备一对鹿皮作为聘礼。后人称夫妻为“伉俪”。而俪皮就是鹿皮。慈禧下令在其住所前安放铜鹿，有纪念其与咸丰帝曾经的爱情之意。

（清）故宫博物院藏鹿皮椭圆荷包

◎ 养生

根据清宫医案记载：慈禧常年有肝欲停饮、脾虚久泻等症状；御医为其开具的药方中，就包含了鹿茸片。慈禧平时十分注重保养，几乎每天都吃由鹿胎制成的滋补品。清朝因为统治者大规模的狩猎，以及皇室对鹿茸、鹿肉、鹿血的青睐，梅花鹿数量开始骤减。约光绪二十一年（1895），慈禧太后还批准人工养鹿，随即在今辽宁东丰一带建造了皇家鹿苑。储秀宫前的铜鹿是慈禧注重养生，希望借由梅花鹿延年益寿的体现。

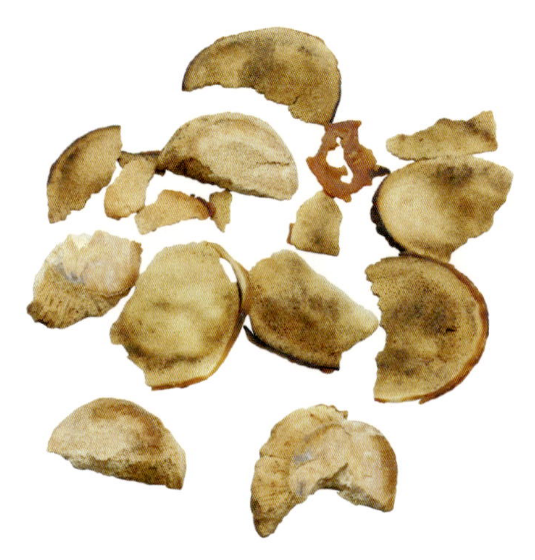

故宫博物院藏鹿茸片

慈禧太后坐像（约 1903 年）

◎ 祥瑞

在古代神话中，鹿是天上瑶光星散开时生成的瑞兽，如汉代典籍《春秋运斗枢》载“瑶光散为鹿”。鹿常与神仙、仙鹤、灵芝、松柏神树在一起，出没于仙山之间，保护仙草灵芝，向人间布福增寿，送人安康，为人预兆祥瑞。鹿为古人追求长寿、祥瑞的表达符号。

另“鹿”与“禄”谐音。“禄”，指福运，也指官吏的禄位、俸禄。先秦古籍《诗经・卷阿》中有“尔受命长矣，茀禄尔康矣”，意即受天命长又久，福禄安康样样有。鹿和蝙蝠在一起，寓意“福禄双全”。鹿形象现于官员居所中，以期“永享禄寿”。鹿鹤共同衔一棵灵芝仙草，寓示延年益寿、健康吉祥。慈禧所居储秀宫前的铜鹿，亦有上述祥瑞之意。

莫高窟壁画《鹿王本生图》局部

拯救落水之人的九色鹿王是善良、祥瑞的化身。

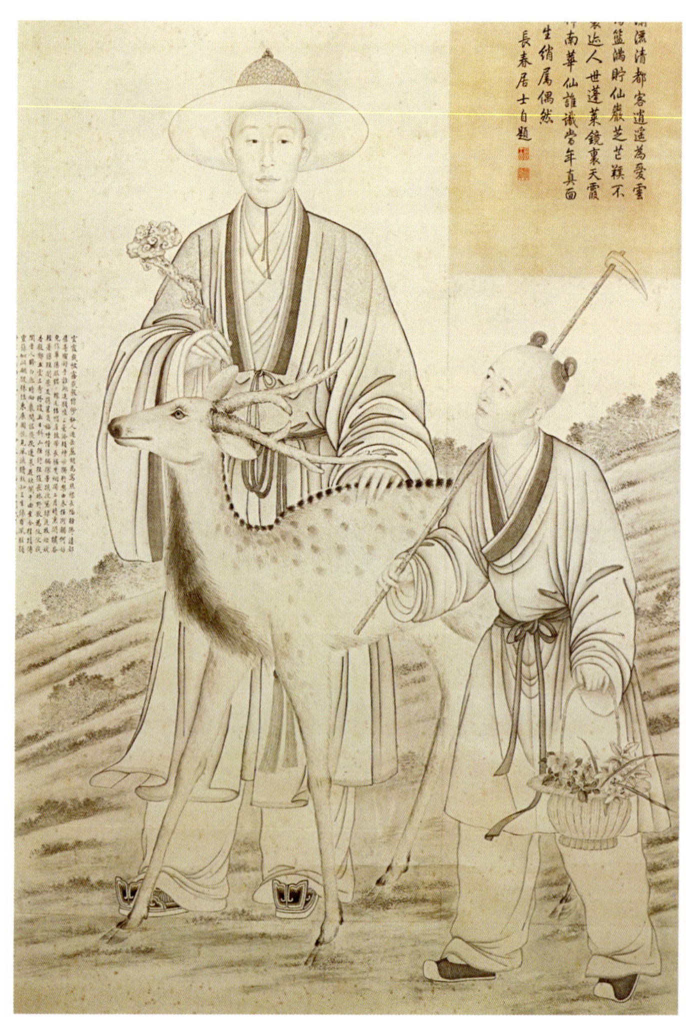

（清）《弘历采芝图》局部

图绘身着汉族衣冠的青年弘历（乾隆帝），一手执如意，一手轻扶梅花鹿，与身旁一位提篮荷锄少年（即少年时的弘历），一起去采灵芝的场景。

◎ 权力

（清）《弘历逐鹿图》局部
统治阶级逐鹿捕猎的情形，让人很自然地联想到他们对权力的追逐。

在石器时代，甚至青铜时代之后的一段时间，鹿角一直被当作作战的武器。战争开始前，各部落会争相“逐鹿”，抢夺武器。“鹿死谁手”，说的就是权力落在谁的手里。司马迁在《史记》说：“秦失其鹿，天下共逐之”，意即秦国失去了天下，天下的英雄豪杰都想得到它。

慈禧所居储秀宫前的铜鹿，亦有保佑慈禧权力稳固之意。慈禧在光绪十年（1884）发动“甲申易枢”，已反映出其掌权的野心。一对铜鹿立于慈禧寝宫前，是她对权力的向往。事实上，慈禧一生三次垂帘听政，独自掌权近五十年，将王公大臣，甚至皇帝都玩弄于股掌之中。

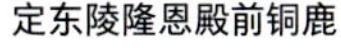

定东陵隆恩殿前铜鹿
定东陵为慈禧下葬地，而其中的隆恩殿前亦有铜鹿，可反映慈禧对鹿的深厚感情。

光绪九年十一月至十一年二月（1883 年 12 月至 1885 年 4 月），法国侵略越南并进而侵略中国，中法战争爆发。由于奕䜣及其主持下的军机处不想轻易开启战端，引起朝臣交章弹劾。光绪十年（1884）三月初八，时值清军在前线溃败，慈禧太后震怒。她同醇亲王奕譞合作，以“委靡因循”的罪名，将以奕䜣为首的军机大臣全部罢黜。同一天，她又颁发上谕，派奕劻、奕譞、世铎执掌军机处。上述事件，史称“甲申易枢”。所以，“甲申易枢”后，慈禧太后的权势进一步扩大，实际标志着她专权统治的确立。

麒麟

慈宁门位于故宫西部区域、永康左门以里，是慈宁宫的正门，慈宁门门前有一对麒麟，它们是为慈宁宫主人带来祥瑞之兆的灵兽。

慈宁宫始建于明嘉靖十五年（1536），是嘉靖皇帝下令建造的建筑群，为其生母慈孝蒋皇后养老所用。其中的正殿，位于慈宁门内一进院落正中，主要用于为太后举行重大典礼。此后明清多位皇帝的遗孀都在这片区域内居住，如明慈圣李太后（万历皇帝朱翊钧的生母）、清孝庄文皇后（顺治帝爱新觉罗・福临的生母）、清崇庆皇太后（乾隆帝爱新觉罗・弘历的生母）。2015年，慈宁宫内部分建筑被改造成为雕塑馆。

慈宁门外立面

慈宁门前的鎏金麒麟长1.37米，高1.41米，鳞发上耸，双目前视，昂首挺胸，神形俱现。其外形特点为龙头、鹿角带分叉、麋身、马蹄、龙鳞，尾毛似牛尾状舒展。

慈宁门前的麒麟正立面

慈宁门前的麒麟侧立面

麒麟是我国古代传说中的一种神兽（现实中并不存在）。古人认为，凡是有麒麟出现的地方，必定会带来祥瑞之兆。麒麟的外形在不同的历史时期，有着不同的特征。

◎ 汉

东汉许慎所撰《说文解字》对麒麟的外形特征有如下描述："麒，仁兽也，麋身牛尾，一角。"意思就是麒麟身形同鹿，尾巴同牛，头顶只有一只角。东汉班固所撰《汉书》对麒麟又有如下描述："获白麟，一角而五蹄。"（每一足而有五蹄也）。所以，汉代麒麟外形可包括以下基本特征：麋身、牛尾、一个角、五个趾。

◎ 宋

（南宋）《三官出巡图》中的麒麟

《三官出巡图》为南宋宫廷画家马麟绘制。画面描绘了道教神仙"三官"巡游天地的盛况。"三官"即天官、地官、水官。画面中，天官、地官、水官分别乘坐麒麟车、狮子与蛟龙出巡；云彩、树石与浪涛，分别代表它们管辖的天、地、水三界。画面中的麒麟头部似牛头，头顶有肉角，颈部两侧有飘动的火焰纹，体态似鹿，身上的鳞片清晰，两足蹄，尾部毛发翘起并卷曲。

◎ 元

麒麟的类龙造型特征，最早可追溯至元代。如故宫藏景德镇窑青花飞凤麒麟纹盘，为元代陶瓷。麒麟头部具有明显的龙头特征，头顶独角，身上开始出现鳞甲，在瑞云中奔跑。

（元）故宫博物院藏景德镇窑青花飞凤麒麟纹盘

◎ 明

明代时期的麒麟与非洲长颈鹿密切相关。明成祖永乐十二年（1414）秋天，一个名叫榜葛剌的国家派遣使臣来华，跟随他一起到来的还有一只麒麟。当时礼部官员上表请贺，尽管永乐皇帝免去请贺，但依然请了翰林院修撰沈度写下了一篇《瑞应麒麟颂》，并且命令宫廷画师将麒麟图像画下，将《瑞应麒麟颂》抄写在图上。沈度在《瑞应麒麟颂》中，这样描述麒麟的外形："形高丈五，麕身马蹄，肉角膔膔，文采烨煜。"此处，"丈五"约为 4.8 米，"麕"是指獐子，"膔膔"意为肥沃，"烨煜"指身上的斑纹闪亮。结合画像内容及文字描述，不难发现此麒麟符合长颈鹿的形态特征。

（明）《瑞应麒麟颂》

榜葛剌，即今孟加拉地区，是明朝郑和每次下西洋必经之地。在历史上，榜葛剌国王分别于永乐十二年、正统三年（1438）两派使臣沿海路到中国贡献"麒麟"，这个"麒麟"原来竟然是长颈鹿。其原因很可能有两个：一是榜葛剌的使者发现中国人非常重视麒麟，便从非洲买来长颈鹿将它当作麒麟进贡给永乐皇帝；二是中国人在下西洋的时候发现长颈鹿长得很像传说中的麒麟，于是告诉了榜葛剌国王，国王才决定用长颈鹿作为贡品。

◎ 清

慈宁门前的麒麟有着明显的清代麒麟的特征。故宫藏清代“持元宝骑麒麟仙人像”中的麒麟造型，与慈宁门前的麒麟有着多处相似之处：龙头、带分叉的鹿角、麋身、马蹄，头部及尾部“爆炸”式毛发。

清代皇家园林之一的颐和园，园中仁寿殿前有麒麟一只。其外形尤其是分叉的鹿角、龙头的造型、麋身、马蹄，均与慈宁门前麒麟造型高度相似。

颐和园仁寿殿前的麒麟

（清）故宫博物院藏持元宝骑麒麟仙人像

（明）故宫博物院藏成化青花云麟大盘

内有两个相向奔跑的麒麟纹饰。从其造型来看，麒麟的头部具有明显的龙的特征，龙角不分叉；腹部具有蛇的腹部特征，即弯曲而使得体鳞呈覆瓦状排列；尾巴具有牛尾特征，且因奔跑而使得尾部的毛呈发散状。

那么，为什么皇帝会在慈宁门前放置一对麒麟呢？结合慈宁门和慈宁宫的建筑功能，慈宁门前麒麟涉及两个方面的寓意：

其一，长者身份。古人认为带毛类动物都是庶兽生的，而庶兽是麒麟生的，“庶兽”为古代传说中的一种异兽名字。如西汉刘安的《淮南子》载“麒麟生庶兽，凡毛者生于庶兽”，因而麒麟是“百兽之长”。慈宁宫住的是皇太后、太妃等辈分高的长者，因而宫前置麒麟彰显了她们的尊者地位。

其二，怀仁之心。古人认为麒麟是一种怀有深仁厚泽美德的祥瑞之兽。而慈宁宫作为皇太后、太妃等皇家女性长辈颐养天年的地方，大门外置麒麟，无疑是皇帝们对母辈宽仁、善良的品德的赞美，从侧面来看也是皇帝敬老养老美德的体现。

魏王肃注《孔子家语》载“毛虫三百有六十，而麟为之长”，意即毛虫类动物有三百六十余种，而麒麟是它们的长辈。战国公羊高的《公羊传》载“麟者，仁兽也”；东汉何休对此注解为：“一角而戴肉，设武备而不为害，所以为仁”。由此可知，麒麟连角都带肉，它是不愿意伤人的，具有仁慈的本性。

“水精之子，系衰周而素王”

在我国民间习俗中，麒麟寓意“早生贵子”，这是因为麒麟与孔子出生相关。根据东晋时期王嘉所撰《拾遗记》记载，周灵王继位二十一年（前551）的时候，孔子出生了。孔子出生前的一天晚上，有两条青龙从天而降，附在颜徵在（孔子母亲）家的房梁上。她在梦中似乎感觉有两位仙女把香水洒在她的头上、身上；随后伴随着天空中的仙乐，金、木、水、火、土五大星神落在她家庭院里。紧接着又有一只麒麟衔着玉帛进入徵在家。玉帛上面写着“水精之子，系衰周而素王”，意思是这个地方要出生一个孩子，这个孩子是水精之子，为维系衰微的周朝而做素王。五行中天一生水，水是圣根，因而这个孩子是具有圣德之人。但是由于他出生在衰世，因而只能做内圣之王，也就是没有王位的素王。

（明）《孔子圣迹图》之“麒麟玉书”佚名

象

御花园的北门即承光门内，有鎏金铜象一对，分别位于门内东西两侧，相向而设。

御花园铜象长约1.6米，宽约0.8米，高约1.1米，跪伏在高约0.6米的须弥座上。从造型来看，这对铜象尽管身形健壮，但极显温顺：均俯首垂耳，双目下视，尖牙朝下，长鼻收卷；其四足跪地，前二足朝前，后二足朝后，似乎正在恭迎皇室主人。其头部、背部的装饰造型，与《皇朝礼器图式》中对宝象的描述相似：头部套络带；胸前系革带，革带上有璎珞和铜铃装饰；背部有供人乘坐的垫子，上绘金龙彩云纹饰。

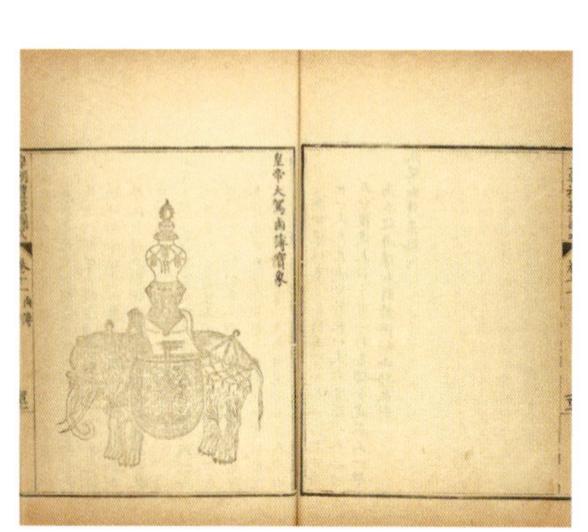

（清）《皇朝礼器图式》中的宝象

《皇朝礼器图式》是记载典章制度类器物的政书，清乾隆年间编纂。书中的“卤簿”部分，介绍皇帝大驾卤簿宝象，其特点包括“膺悬朱缨铜铃各三，白革为鞯，绘金龙彩云，周为花文”。

御花园内的跪象

御花园这对铜象的后足往后跪，意为“负跪”，谐音“富贵”。因此，御花园的跪象含“富贵吉祥”之意。

吉祥

从太平吉祥角度而言，大象性情温和、知恩图报，在古代为君主贤明、天下太平的象征。汉代画像石的祥瑞图案中，象或生羽翼，或处于缭绕的仙气中，与骆驼、龙、麒麟等神兽构成了汉人心中的祥瑞世界。《唐六典》将祥瑞分为大瑞、上瑞、中瑞、下瑞四等，其中白象与龙、凤、麟等物归为大瑞。在明清时期的故宫，象的造型多见于乐器、钟表、香薰、宝玺、如意、灯具等器物上，且与宝瓶相组合。由于“象”谐音“祥”，“瓶”谐音“平”，因而古人用象驮宝瓶的造型来寓意天下太平，并称为“太平有象”。

东汉班固的《白虎通》载“象者，象太平而作，示已太平也”。

唐人徐坚的《初学记》载“瑶光之精，散为象变”。此处，“瑶光”为北斗七星的第七星，寓意“和气、祥瑞”。象为瑶光的精华，因而寓意祥瑞。

《宋书》载“白象者，人君自养有节则至”，即当君主圣明时，就有白象出现。

（清）故宫博物院藏掐丝珐琅太平有象灯

大象寓意吉祥，还与佛教典故相关。在佛教中，白象是普贤菩萨坐骑。佛教认为：白象是普贤菩萨愿行广大、功德圆满的象征；其稳重而能够负载，象征了恩泽众生，托起救世度人的广大宏远。

“洗象”为佛经典故，指僧侣们为普贤菩萨的坐骑白象洗浴。“洗象”即“扫象”，通“扫相”的意思，在佛教中指破除对一切名相的执着。明清时每到三伏，象官会牵出大象，一路吹吹打打，前往郊外河中洗浴，百姓也会抓住这一难得的机会，挤到河边好奇地围观洗象盛况。因“洗象”音同“喜象”，成为祥瑞的代表，并延伸出诸多吉祥寓意。因此对当时的人们而言，能观看大象洗澡，既有着神圣的寓意，也有着沾沾喜气的美好意愿。

（清）《乾隆皇帝洗象图》 丁观鹏

扮作普贤菩萨模样的乾隆皇帝，正静静地目视着众人为自己的坐骑大象清洗躯体。大象则惬意地扭头望着乾隆皇帝，流露出感激的神态。此画的主题，是将乾隆喻作法力无边、救苦渡难的菩萨。

朱元璋和大象

元朝的末代皇帝元顺帝有个奇怪的嗜好，他不爱养猫狗，而喜欢养大象。这大象非常有灵性，常常在宫廷聚餐时行跪拜之礼，有时还会跳一段宫廷舞，因此深受元顺帝喜爱。当朱元璋手下徐达大军攻破元大都后，顺帝只能北逃，而这头驯象被留在了元大都。徐达为了不让这头象落到其他人手中，决定将它运往南京献给朱元璋。有一天，朱元璋设宴让大象来一段舞蹈。然而，这头大象对原主人十分忠贞，死活不肯表演，于是被杀了。朱元璋杀死大象后，认为这头大象虽然不肯屈服，但有着顽强的气节。大象虽死，但其对主人的忠诚，却让朱元璋感叹：人的忠诚，有时还不如一头大象。

礼仪

从礼仪角度而言，御花园中的这对跪象具有迎宾之意。大象用于礼仪，早在周朝就出现了。《周礼》里有“象路以朝夕”的记载，即帝王乘坐象辂早晚上朝。其中，“辂”通“路”，“大车”之意。当为我国有仪象之始。

《钦定大清会典》记载，明清卤簿仪式中都有象，一为宝象，一为导象，主要区别是宝象驮瓶，而导象不驮瓶。导象顾名思义起前导作用，好比仪仗队的排头兵；仪象体形高大，尽显威仪，可以远远地观察路况，并及时报告给皇帝，保障皇帝的安全。御花园内的跪象，其装束与皇帝“法驾卤簿”中的宝象相似，不难理解其跪立于御花园北门内，亦有“接驾”礼仪之寓意。

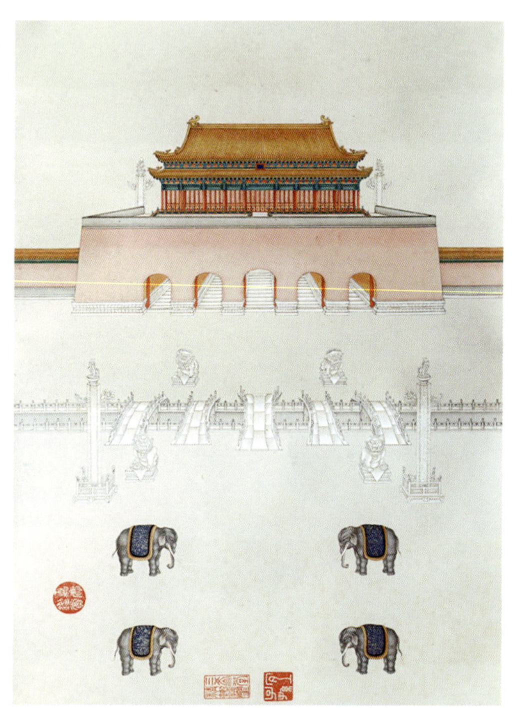

（清）《法驾卤簿图》之导象
天安门外的导象身披蓝毯，打扮得相对简单。

法驾卤簿

“法驾卤簿”是皇帝祭天、地、日、月、先农各坛，以及祭拜太庙、历代帝王庙、先师各庙等时使用的仪仗队。清代张尚瑗在《三传折诸》中称“汉魏以下，皆有驯象之司，列于卤簿”，可见从汉魏以来就将驯象作为仪仗排头兵，用于帝王的大驾卤簿，以示帝王的正统身份。

明代紫禁城饲养着一群大象，主要用于礼仪活动中，这也是从前代沿袭而来的。据清代吴长元辑《宸垣识略》记载：明弘治八年（1495），皇家建象房于宣武门内西城根，称“驯象所”，而锦衣卫专管象奴及象。“象奴”也称“象官”，即驯象和管理象的工作人员，就是大象的饲养员。大象初到京城后，要经过一段时期的驯养，基本达到奴知象意，象晓奴语。即管理大象的人能够了解象的习性、意愿，而大象要能看得懂管理人的手势、听得懂口令。训练好的大象，主要是充当“礼仪兵”。每逢举行盛典，如正旦、冬至、圣节三大朝会，象群被牵到皇宫，或驾车，或驮宝，或站班，各有分工。大臣上朝，大象站立排列于午门前御道左右，蔚为壮观。

（清）《法驾卤簿图》之宝象

午门外的宝象色彩艳丽，头部、胸部、臀部均用黄绒细绳连接各种珠宝装饰，背上驮着宝瓶。

护卫

从护卫角度而言，象的躯体魁伟庞大，是体形较大的陆地动物。但象并不笨拙。它生性聪明，通人性。它那让人望而生畏的体态巨力，更是兵家青睐的战斗力和卫士。从殷商到明清，有关象战的实例屡见史籍。

东周左丘明的《左传》载："王使执燧象，以奔吴师。"意即楚昭王令鍼尹固拿着火把点燃大象的尾巴，迫使大象冲入吴军阵地。

秦人吕不韦的《吕氏春秋》有："商人服象，为虐东夷，周公以师逐之，至于江南。"意即商朝人把大象驯化为作战用的武器，以暴虐东夷；周公东征时，一路将商朝的战象部队驱赶到南方。此处的"东夷"，为古时中原对东方各部落的统称。

据《隋书》记载，隋仁寿四年（604），隋文帝杨坚命大将军刘方担任驩州道行军总管，远征不肯朝贡的林邑（今越南南部顺化一带）。林邑国王决定摆出巨象阵予以反击。刘方指挥部队南渡阇黎江，林邑军乘巨象由

四面合围。刘方出师不利，便挖了许多小坑，坑上用草皮伪装，然后派兵挑战。林邑军不知是计，见刘方军败退，便穷追不舍，象多跌入陷坑，部队阵脚大乱。刘方派兵用弩射大象，象返走逃窜，林邑军溃乱不可收拾，被俘万人。

据《明史》记载：洪武二十二年（1389），百夷土司思伦发聚三十万之众发起叛乱。明朝大将沐英率领三万骑兵，置火炮劲弩对阵。只见叛军全副武装，驾着数百头大象，这些大象的左右两侧挟着大竹筒，筒内装有标枪，非常尖锐。沐英兵分三路，都督冯诚将前军，甯正将左军，都指挥同知汤昭将右军。战前动员时，沐英下令说："今日之事，有进无退。"因乘风大呼，炮弩并发，致使叛军"象皆反走"，大象军队在炮火箭弩的强大攻势下，不听象奴暨士兵的指挥，扭头逃跑了。

以上资料说明，象在战争中充当护卫形象。而这种形象，亦在故宫御花园内的跪象上有所体现。

（清）故宫博物院藏铜镀金象拉战车表

鳌

故宫西部区域有一片建筑群，包括慈宁宫、寿康宫等，专供先帝的遗孀们居住。慈宁宫即为其中体量最大的建筑。慈宁宫门前有铜制鳌一对，鳌又可称“龙龟”，龙头龟身，是守护慈宁宫的纳福神兽。

慈宁宫的殿外，可看到铜制鳌一对。长约1.3米，宽约0.7米，高约0.45米，蹲伏在0.2米高的铜座上，铜座则坐落在0.4米高的汉白玉须弥座上。铜鳌的头前伸，嘴微张，两颗利齿外露，似龙，末端还有条形的须髯，非常齐整，头顶还有类似于鸡冠的装饰。其背部高高隆起，背上龟纹刻画明显，正中两侧还刻有寓意“无量光明”的佛教璎珞纹；腹部则为类似于蛇的鳞纹。其后足压在龟壳下，前足则外露，足底五只锋利爪子伏在海面上，给人以震慑之感。其尾巴类似于蛇尾，粗长结实，略有蜷曲。可以看出，这只铜鳌的造型兼有龙、龟、蛇的特征，但整体更接近于龟的形象。

慈宁宫外立面

慈宁宫前鳌

铜鳌的形象被夸张化。其鼻子、耳朵造型亦比普通龟要突出，脸部形状更像是龙头。

古代典籍中有不少关于"龙就是蛇"的记载。如东汉王充在《论衡》里说"龙或时似蛇，蛇或时似龙"，又说"龙鳞有文，与蛇为神；凤羽五色，与鸟为君"，点明龙是神蛇。

铜鳌的底部是流水漩涡纹，寓意福海。福海中又刻有四种海生动物：鲤鱼、蟹、甲鱼及海猪。甲鱼与乌龟的区别在于：乌龟是硬壳，壳面有裂状纹；甲鱼是软壳，壳面较光滑。这四种海洋动物，可寓意海中各种动物，护卫及爱戴神鳌。

螃蟹

海猪

甲鱼

鲤鱼

海猪有可能是清人聂璜撰《海错图》中的刺鱼化箭猪。据该书记载：刺鱼是有刺的鱼，又称"泡鱼"；当此鱼长得如獾大小时，可变成身上带刺的猪；这种猪又名"箭猪"（类似现实生活中的豪猪），背部带刺，被人追赶时，可将刺射出以防御，也可以射狼虎。由此可知，神鳌下方的刺鱼化箭猪有着很厉害的本领，可射出刺来攻击敌人。此处其用意非常明显：对付"虎狼"或类似于"虎狼"般坏人，保护神鳌的平安。

刺鱼化箭猪

关于慈宁宫前铜鳌的安放年代，笔者推测很可能为清乾隆三十四年（1769）八月。根据内务府奏销档记载，乾隆三十二年（1767）乾隆皇帝为了庆祝崇庆皇太后八十寿诞，决定对慈宁宫区域的系列建筑进行大规模改造，主要内容包括“改建重檐大殿，挪盖后殿，拆改宫门，改建前后廊及徽音左右门、垂花门、周围转角围房以及月台丹阶、甬路、海墁、散水、墙垣等工程”。此次改建为清代时期对慈宁宫规模最大的修缮工程，于乾隆三十四年八月工程竣工，即形成我们今天所见的形制和布局。其中慈宁宫的总体建筑特征为：面阔七间，前出廊，和玺彩画，黄琉璃瓦，重檐歇山式屋顶（建筑等级高于单檐庑殿式

根据清宫内务府造办处档案记载，雍、乾二帝对铜器制造很热心、很重视，经常下令制造各种不同的器物，以满足皇家的大量需求。其中，乾隆御极之后，对大型铜器颇为看重，频频下令制造，或为内廷，或为园囿，或为寺庙。这些作品品种多，体量大，重则数百斤甚至上万斤。铸造用时从几个月到几年不等，在铜器制造史上，称得上是空前绝后的盛世工程。也就是说，乾隆皇帝喜好制造各种铜器，在母亲大寿兼慈宁宫改建之际，下令制作表达孝心的神兽铜像并安放在慈宁宫前，是合情合理的。

（清）《胪欢荟景图册》之“慈宁燕喜”

此幅册页是其中的一开，描绘了乾隆皇帝在皇太后生活的慈宁宫内，亲自双手捧觞为其贺寿的场面。当时的慈宁宫面阔七间，不出廊，黄琉璃瓦，单檐庑殿式屋顶，殿前有月台与宫门相接，月台两侧各有台阶一出，殿两侧卡墙与围房相接，中辟垂花门。可以看到，当时的慈宁宫前没有陈设。

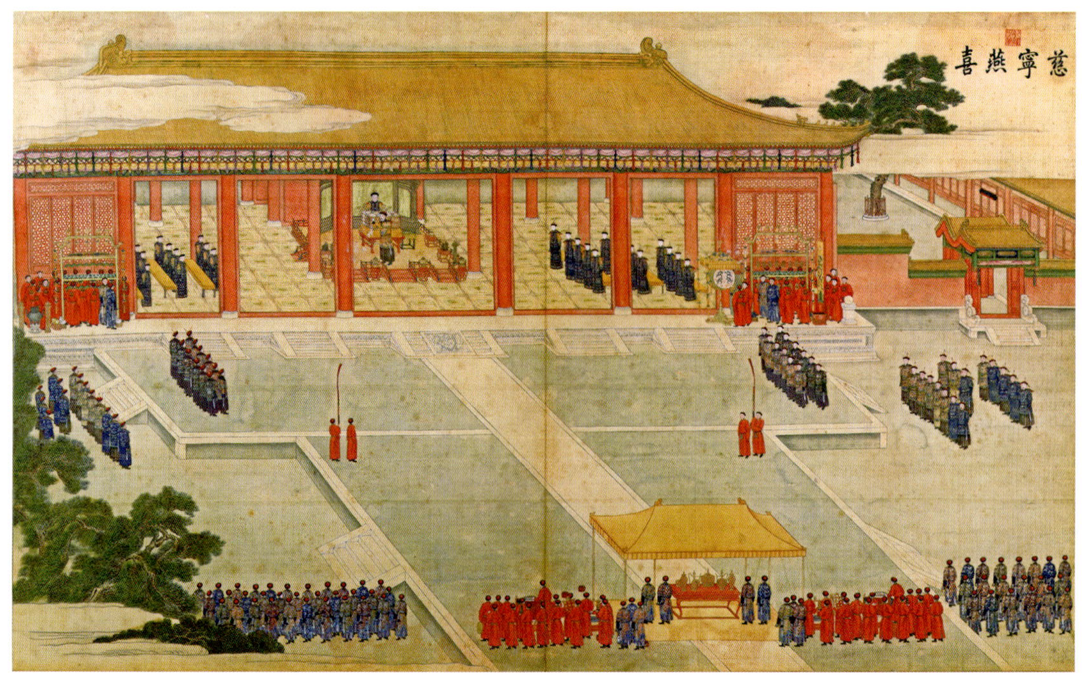

屋顶），殿前环以汉白玉栏杆，并安放铜鳌、铜鹤各一对，铜香炉四座，整体建筑庄重富贵。也就是说，慈宁宫改建后，其建筑屋顶形式由单檐庑殿变成了重檐歇山，而且很可能在殿前增加了铜鳌陈设。那么，在慈宁宫前安放一对铜鳌，有何纳福寓意呢？

◎ 寓意长辈福分

古人认为乌龟为甲壳类动物的长辈。如西汉戴德的《大戴礼记》中说："有甲之虫三百六十，而神龟为之长。"也就是说，乌龟在三百六十种甲壳类动物中，为辈分最长者。

> 西汉刘安在《淮南子》中说："介潭生先龙，先龙生玄鼋，玄鼋生灵龟，灵龟生庶龟，凡介者生于庶龟。"这段话说明：先龙为介族之祖，所谓"介族"即有甲壳的动物；"玄鼋""灵龟""庶龟"均属于龟，且庶龟的辈分最低，而甲壳类动物均为庶龟所生。

同时，古人认为，龟还为阴虫之老。"阴虫"有多种含义，但在此可认为是水中鱼类动物。《淮南子》中有："介鳞者，蛰伏之类也，故属于阴。"龟为介鳞之类动物，故为阴虫。唐代徐坚在《初学记》里说："龟者，阴虫之老也。龟三千岁，上游于卷耳之上，老者先知，故君子举事必考之。"这段话说明，乌龟寿命很长，是阴虫的长者，具有先知能力，为君子行事的参照。

由上可知，龟是一种辈分很高的动物，为壳类、鱼类动物的长者。因此，慈宁宫前安放铜鳌，有寓意建筑主人长辈身份而值得尊敬的含义。

◎ 寓意健康长寿

龟是古代"四灵"（龙、凤、麟、龟）中唯一真实存在的动物，也是动物中寿命最长的。如先秦古籍《洪范》认为：千岁乌龟具有灵性，可以预知凶吉。又如晋代葛洪在《抱朴子》称"龟鹤长寿"，并认为人们如果模仿它们，亦可以延年益寿。故宫现藏部分文物，即包括龟鹤组合造型。再如南朝梁时期的任昉在《述异记》中说：乌龟寿五千年时称"神龟"，寿一万年时称"灵龟"，由此可知，龟的寿命很长。自

（清）故宫博物院藏汉代龟鹤灯

古以来人们就把龟当作长寿的象征，而且龟是人与天神之间联系的中介，通过它可以领会天神的意志，保佑人们平安长寿。因此，慈宁宫前的铜鳌造型，亦寓意乾隆帝希望母亲健康长寿。

◎ 寓意祥瑞吉祥

自古以来，龟通灵性、能避邪，是祥瑞的象征。西周尹吉甫撰《毛诗》中有："龟曰卜，蓍曰筮。"所谓龟卜，是古人选取合适的龟甲，加工后对其进行烧烤，直至其出现裂纹，然后根据这种裂纹去领会神的旨意，进而判断吉凶祸福。龟甲占卜的方式，可反映古人对乌龟的崇拜。

西汉司马迁在《史记》中说他看过《万毕石朱方》这本书，而根据书中记载，在江南嘉林中有神龟；嘉林这个地方，没有猛兽、恶鸟、毒草，野火烧不到，樵夫砍柴足迹亦不到；龟在嘉林中，常在芳莲上筑巢；得到龟者，原是平民百姓的，可以成为官长；原是诸侯的，可以成为帝王；因此，凡是来寻取龟的人，都是斋戒了以后专程等候，同时敬酒祈祷，披散头发行礼，这样连续三天。从这段描述可以看出，龟为古人认为的吉祥神兽。由此可知，乾隆帝在慈宁宫前安放铜鳌像，还有祥瑞之意。

◎ 寓意皇权

龙龟具有龙的部分外形特征，而龙是真命天子的化身，是皇权的代表。紫禁城建筑处处体现龙的造型，如瓦顶、宝座、藻井、装饰、彩画、地面、台基、室外陈设等等。这些龙的造型无疑体现了紫禁城特殊的地位：帝王执政及生活的场所。相比而言，这些龙的造型在古代民间是严禁使用的，因而一目了然地显示了封建社会不同等级、不同地位的人的身份差别。乾隆帝下令制作的这个铜龙鳌，亦含有此意：皇太后的居所，亦为真命天子家族所在区域，其具有非凡的等级和地位。

鳌与鳌山灯会

鳌山灯是我国古代元宵节体量最大、灯火最绚丽的灯，民间、宫中均会安设。此灯由很多盏灯一层层由下往上叠起来，组成灯山，整个灯山的外形犹如一个巨鳌。据先秦古籍《列子》载，北海之神禺强奉天帝之命，使用了十五只巨鳌来驮伏五座神山，三只鳌为一组，六万年换岗一次。紫禁城里元宵节的鳌山灯体形巨大、色彩绚烂、灯火耀眼，赏灯氛围亦热闹非凡。

鳌山灯的造型，可见于古代绘画。如中国国家博物馆藏《南都繁会图》，描绘了明代中叶时期南京城内早春游艺的场景，其中就有专为元宵节而搭设的鳌山灯。

从燃灯方式角度看，古代鳌山灯由大量的灯堆叠而成，具体而言是挂在工匠预先搭设好的木架子上，灯与灯之间通过“火油爆管”（即安设在导管内的引线）连接。波斯（今伊朗）使者火者·盖耶速丁在明永乐年间来华，并著有《沙哈鲁遣使中国记》。其中记载了永乐十九年（1421）鳌山灯火的场景：这是为庆贺“灯节”（元宵节）而搭设的鳌山，鳌山灯火表演可达七天；在午门广场前有用木头搭成的小山，整个面上覆盖有松柏枝，就像一座绿山，也就是鳌的形状；鳌山上有上千个人物造型，其外观及服饰几乎与真人无异；整个鳌山挂着十万盏灯，这些灯用绳子连着；绳子上穿着火油爆管；当一盏灯点燃后，爆管开始沿着绳子滑动，把它接触到的灯点燃，刹那间从山顶到山脚灯火通明。由上可知，鳌山不仅灯体形硕大，而且点亮后的视觉效果极其震撼。

清代宫中的元宵节期间，会在乾清宫、宁寿宫、养心殿等建筑的外面设鳌山灯。而乾清宫外的鳌山灯内，在夜间会放入上万只蝈蝈。成千上万只蝈蝈发出“蝈—蝈—”的叫声，有“万国来朝”之意。

（明）《南都繁会图》里的鳌山灯

此灯设在密集的楼房之间，体量与南方的一座二层小楼相近，而其中的“鳌足”“鳌身”各有一层楼高。龟背形的鳌身由下往上分为三层：下层布设有腾云驾雾的八仙人物造型，以及多盏五颜六色的灯笼；中层则是多位带功德光环的神佛塑像；上层则为一座楼阁，象征海外仙山上的琼台玉阁。

御花园的吉祥动物

位于故宫中轴线区域北部的御花园，为明清帝后休憩、游赏的皇家园林。御花园的设计元素极为丰富，典型代表之一即为石子路面上的吉祥动物图案。

御花园的石子路约为晚清时期铺墁，工艺精巧，图案内容丰富。而这些图案中，极富有特色的内容即为小兽像。这些小兽或为十二生肖动物，或为吉祥寓意的神兽造型，其形象栩栩如生，引人瞩目，淡化了紫禁城庄重威严的氛围，增添了一丝轻松雅致的情趣。

御花园石子路一景

十二生肖

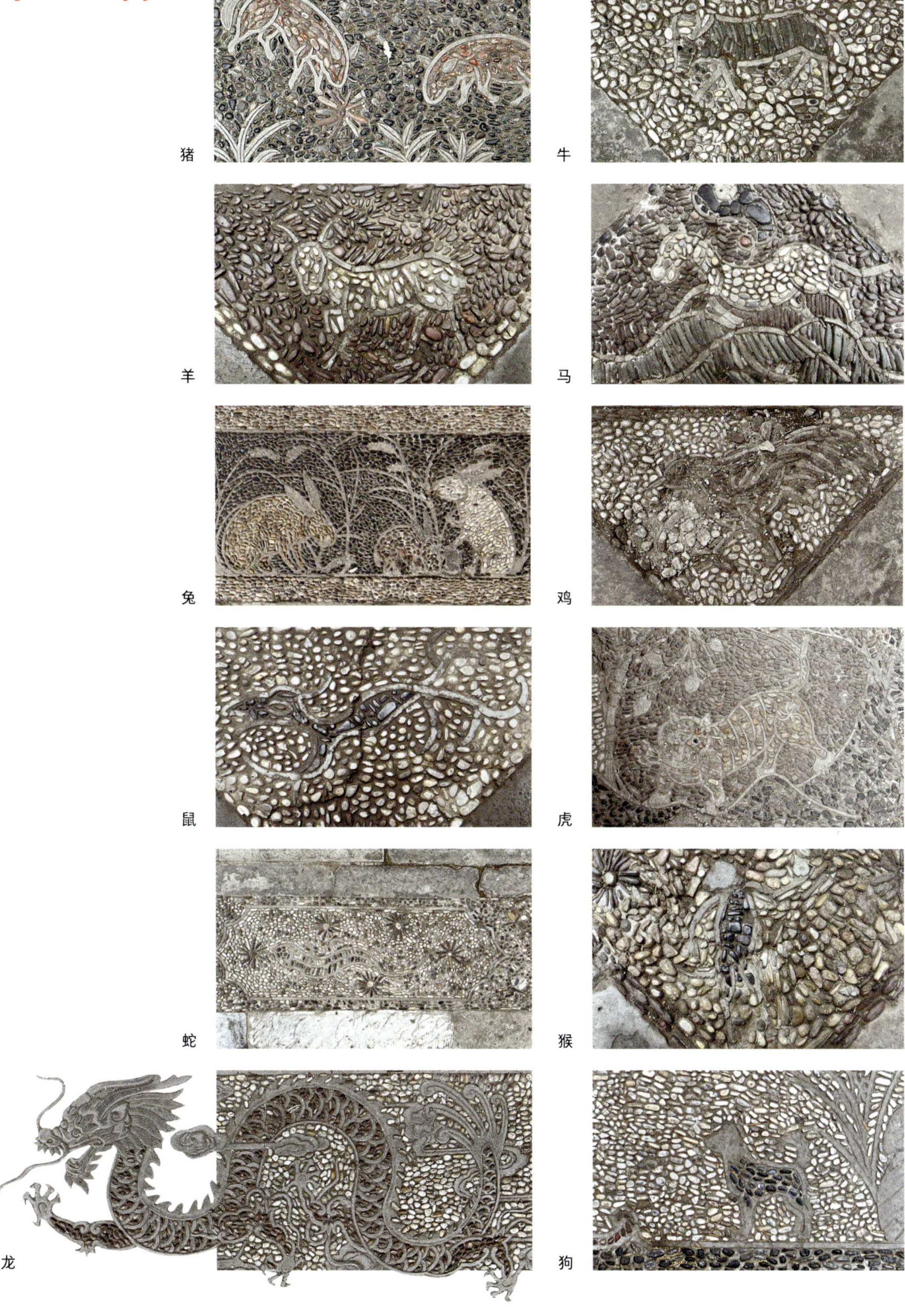

猪　牛

羊　马

兔　鸡

鼠　虎

蛇　猴

龙　狗

吉祥动物

御花园的石子路面除了有十二生肖图案，还有丰富的吉祥动物造型，如龙、凤、狮、老、马、鹤、鹿、蟹、鱼、鸭等，通过与其他吉祥物组合，形成具有美好寓意的图案，用来表达古人对国家兴旺、生活美好、功业有成的祈愿。

和谐盛世

图案由荷花与螃蟹组成。画面中间为两朵盛开的荷花，两侧则为螃蟹，左侧有三只，右侧有一只，均面向荷花作爬行状。“荷”谐音“和”，“蟹”谐音“谐”，寓意国家兴盛安定。

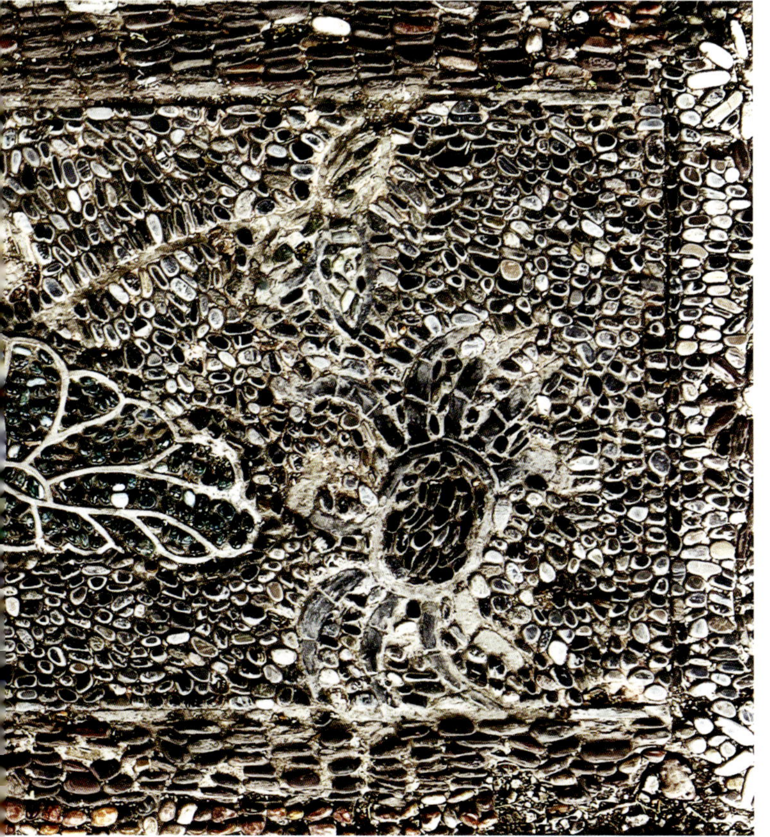

六合同春

图案由鹿与鹤组成。画面右侧为一只小鹿，与之相对的，为两只立鹤，鹿与鹤之间，则为盛开的花草。“鹿鹤同春”谐音“六合同春”，是我国传统祥瑞造型之一，意为社会和谐，万物欣欣向荣。

《梦溪笔谈》记载，北宋元丰年间，江苏泰州地区有人生病时，把干螃蟹挂在门上，则可驱除病魔，病也就慢慢好了。明人徐渭善画蟹，其作品《黄甲传胪图》，绘的是螃蟹与芦苇，寓意科举及第。

连年有余

图案由莲花与金鱼组成，谐音“连年有余”。寓意每年生活富裕，物资充足。

龙腾虎跃

图案由龙与虎组成，左龙右虎，龙在腾飞，虎在跳跃，寓意着充满活力，积极向上。

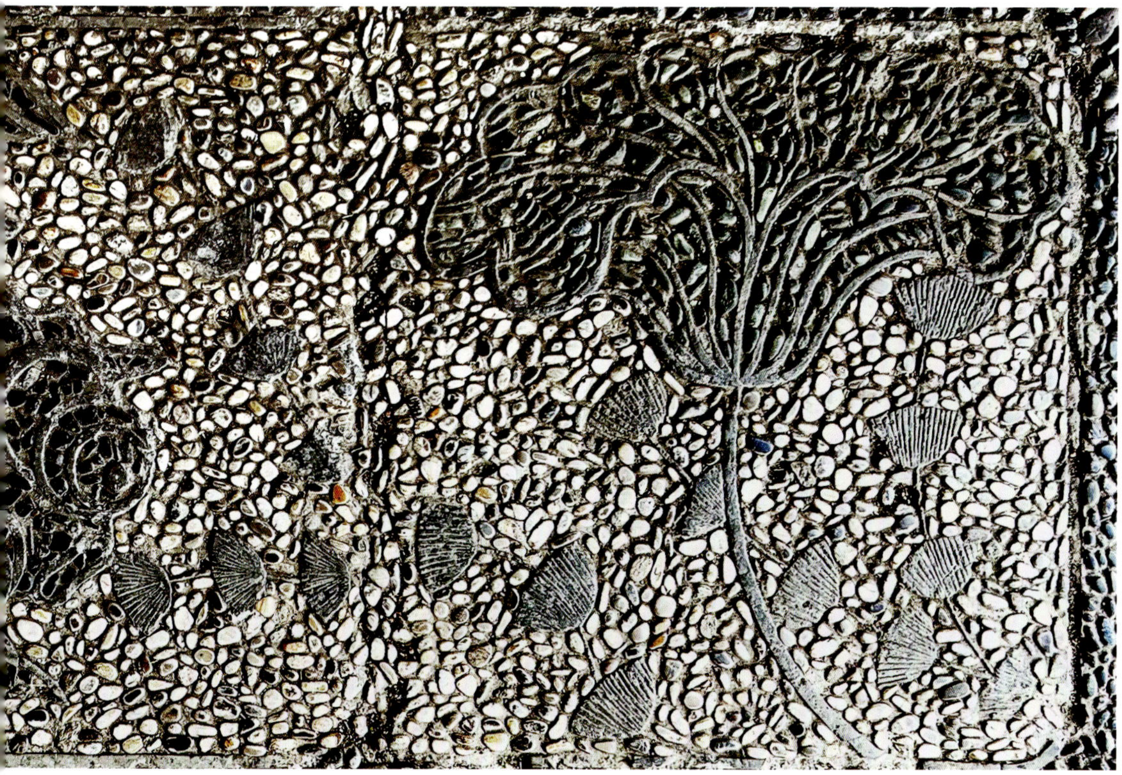

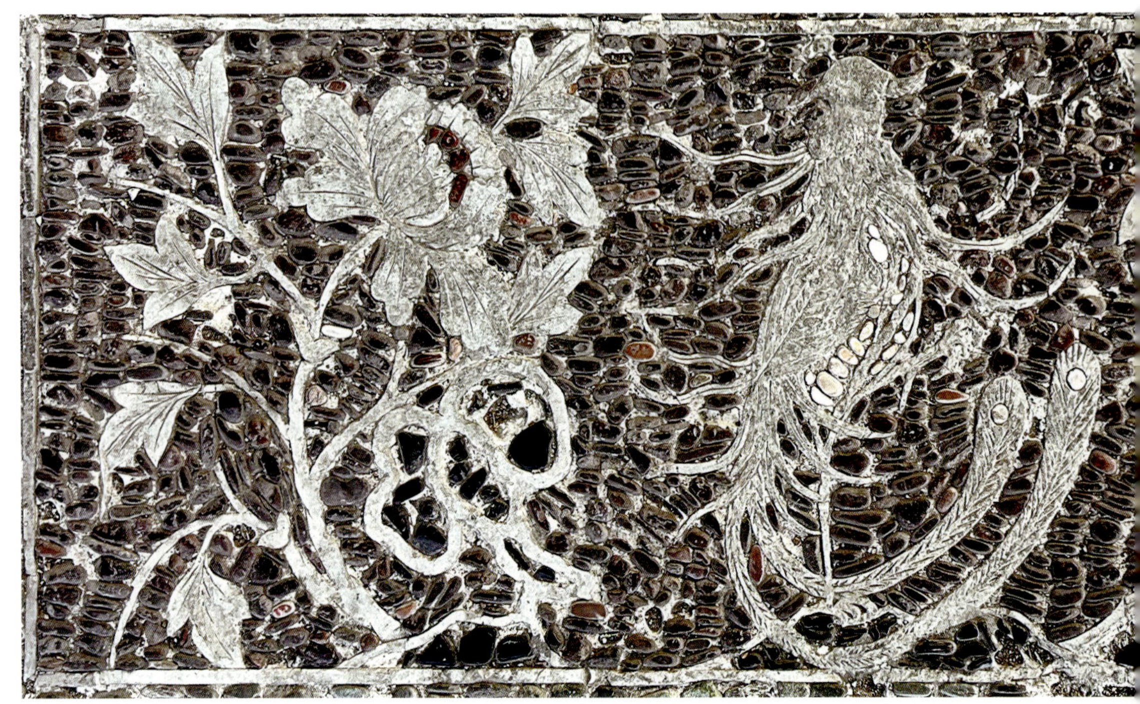

凤穿牡丹

图案由凤和牡丹组成。凤为古人心中的瑞鸟，是天下太平的象征，牡丹在古人心中有富贵、美满的寓意。“凤穿牡丹”表达了古人对美好生活的向往和追求。

狮滚绣球

画面左侧为一个绣球，两端系有飘舞的绸带；画面右侧则为一头憨态可掬的狮子。狮子滚绣球意味着在生活上赶走一切灾难，且好事马上就要降临。所以常言道：“狮子滚绣球，好事在后头。”

赫赫有名

图案由两只鹤组成，左边的鹤身形较低，似乎觅食后刚起身，嘴尖上仰，做出鸣叫状。右边的鹤身形较高，扭头回望左侧的鹤，似乎与之回应。“鹤”与“赫”谐音，“名”与“鸣”谐音，连起来讨个口彩，寓意吉祥。

宝鸭穿莲

图案由鸭子和莲花组成。“鸭”与“雅”谐音，因而其造型用于高雅的装饰中。“莲”与“连”谐音，我国古代科举考试分为多个层级，有院试、乡试、会试、殿试。因而“宝鸭穿莲”的图案，寓意在学业上不断努力，连连中甲。

马到成功

图案由马与稻穗组成。一匹身形健硕的骏马，朝着稻穗奔跑而来，稻与马的图案组合意为“马到成功”。古人认为稻生双穗（或多穗），或稻产丰收，均为一种祥瑞征兆，表达古人在事业上顺利成功的美好愿望。

灵沼轩的吉祥动物

位于故宫东六宫之延禧宫内的灵沼轩，又名“水晶宫”“水殿”，是紫禁城中唯一一处西洋建筑，墙体上雕有纳福神兽，这是灵沼轩中西结合的体现。

灵沼轩正立面示意图

灵沼轩现状

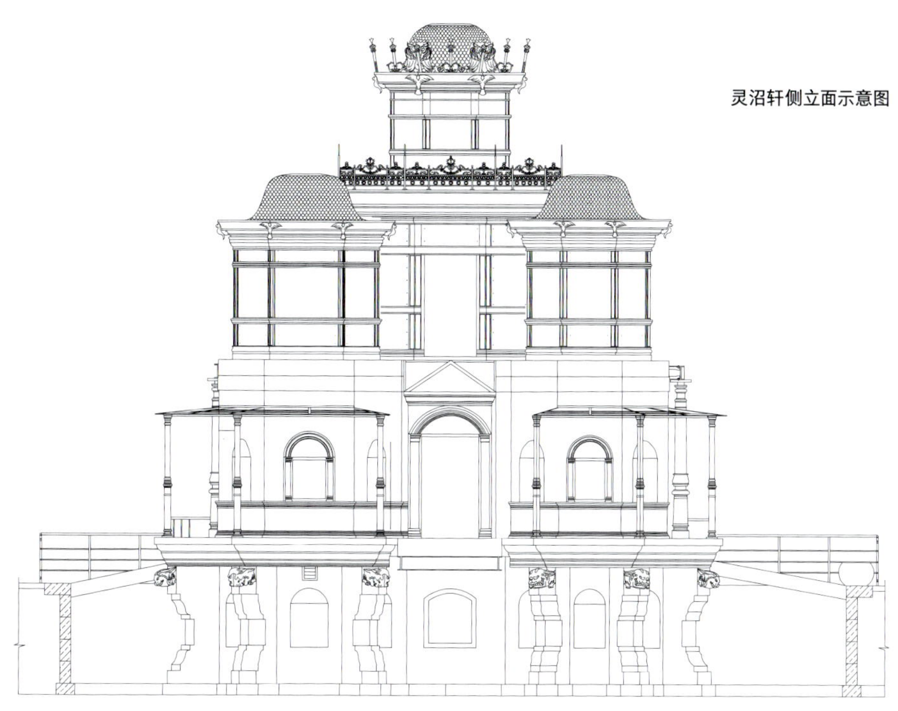
灵沼轩侧立面示意图

延禧宫始建于明代，为木结构建筑，后数次遭受火灾。1909年，清政府决定在延禧宫内兴建一座不怕火的建筑——灵沼轩，其设想构造为：地下一层，四周建有条石垒砌的水池，计划引金水河水环绕；地上两层，底层四面当中各开一门，四周环以围廊，主楼每层九间，四角各附加一小间，合计39间；殿中为四根盘龙铁柱，顶层面积缩减，为五座铁亭；四面出廊，四角与铁亭相连。重建后的延禧宫是一座水晶琉璃世界，帝后闲暇之时，可徜徉其中，观鱼赏景。“水晶宫”虽然设计巧妙，但是清政府国库空虚，工程从1909年开始，至1911年冬尚未完工。而随之而来的辛亥革命，迫使末代皇帝溥仪退位，该工程亦随之停工至今。

灵沼轩是紫禁城中唯一的西洋建筑，具有浓厚的西式风格。比如建造灵沼轩所需的铸铁梁柱框架和加厚玻璃，都是德国进口的；又如其石质柱子基座部分的主体造型和混合柱式的阿蒂克基座非常接近，而门窗券洞的拱顶上增加的是西方建筑三角形山墙手法等。然而就建筑本身而言，灵沼轩仍然保留有中国传统建筑文化特色，典型代表即为石质墙面的吉祥小兽纹。

喜上眉梢

该图纹位于灵沼轩窗券之上的墙面。画面中，一只喜鹊落在梅花树的枝头，翅膀微张，侧头仰视枝头上的梅花。梅花谐音“眉”字，喜鹊站在梅花枝梢，即组成了“喜上眉（梅）梢”的吉祥图案。

春秋时期师旷所著《禽经》中就有“灵鹊兆喜，鹊噪则喜生”的记载。五代文学家王仁裕所撰《开元天宝遗事》之“灵鹊报喜”载有“时人之家闻鹊声，皆为喜兆，故谓灵鹊报喜”。

松鹤延年

该图位于灵沼轩窗券下的槛墙面。画面中，一只丹顶鹤立于松树下，扭头仰望松枝上方的太阳。由于时间长久，鹤造像的翅膀已局部风化。鹤、松、升日均为古人认为的祥瑞之兆。此幅画面即为“松鹤延年”，寓意延年益寿。

鹤鹿同春

位于灵沼轩槛墙及门框上部墙面。画面的主要元素包括仙鹤、瑞鹿和椿树。画面中，椿树下，瑞鹿与仙鹤神情怡然自得，瑞鹿挥蹄小跑，仙鹤低头觅食，画面充满欢快和谐之感。鹤、鹿均为古代瑞物，且“椿”与“春”谐音，“鹿”与“六”谐音，因此“鹤鹿同春”又称“六合同春”，寓意春满乾坤，万物滋润，国泰民安。

清代文人俞樾所撰《茶香室丛钞》卷二十二载有“北人之语合鹤不分，故有绘六鹤及椿树为图着，取六合同春之意”。

二龙戏珠

该图位于灵沼轩门券洞正上方。画面中，两条浮游于祥云之上的游龙相向而视，戏玩着一颗宝珠。古人认为龙珠可避水避火，是吉祥的象征。二龙，就是雌雄二龙。有现代学者认为，二龙戏珠为二龙交尾时的动作，该动作可以用来避邪御凶。因此，“二龙戏珠”寓意消灾驱邪，吉祥如意。

狮子滚绣球

该图位于灵沼轩门券洞侧上方。画面中，两只活泼可爱的狮子张牙舞爪，咬着绶带，拨弄着绣球，整个画面充满着生机。两只狮子嬉戏绣球，寓意着驱除邪魔，带来连连好事。另狮子配绶带，寓意“喜事连连”。

绣球源于两千年前的古人用青铜制作的“飞砣”，用于作战或狩猎活动中。后来，“飞砣”逐渐演变为绣花布囊，并成为古代青年男女定情的信物，因而被视为吉祥喜庆之物。

富贵耄耋

该图位于灵沼轩门券洞的下侧。画面中，牡丹花盛开。花枝下，一只嬉戏的猫正回首；花枝中，猫的正上方，一只蝴蝶在翩翩起舞。由于时间长久，蝴蝶的翅膀已被风化得模糊不清。“猫”与“耄”、“蝶”与“耋”，均为谐音，猫与蝴蝶的组合，寓意高寿。牡丹是我国特有的木本名贵花卉，其花朵色泽艳丽，富丽堂皇，有“花中之王”的美誉，寓意雍容典雅、富贵祥和。因此，猫、蝶和牡丹合在一起，可称为“富贵耄耋”，寓意富贵吉祥、健康长寿。

代代长寿

该图位于灵沼轩窗券洞的侧面。画面中，一串长长的枝叶由下向上蔓延，顶部有一只长尾鸟在花枝中挥动翅膀。这种鸟虽小如麻雀，但其体态比麻雀漂亮，最突出的特征是雄性鸟的尾部中间有两条长长的羽毛，像绶带一样，因此古人将它取名为“绶带鸟”。“绶”与“寿”谐音，故“绶带鸟”又名“寿带鸟”。绶带，是一种丝质带子，古代常用来拴在印钮上，名为“印绶”，是官职地位的象征。花为代代花，属常绿灌木，小枝细长，有短刺，花白色，有香气，可熏茶得制香精。在这里，代代花取“代”字，寓意江山万代。因此，该幅纹饰寓意帝王统治的江山万代，代代长寿。

鹤舞荷花

该图位于灵沼轩墙面的下部。画面中，莲花盛开；花下，一只仙鹤挥动翅膀，翩翩起舞。“荷”谐音“和”，因而代表吉祥如意、和谐美满。鹤舞荷花，寓意健康长寿，和和美美。

透风上的吉祥动物

透风是中国古建筑特有的建筑构件，功能是防止木柱受潮、被虫蛀。故宫的透风砖雕上多刻有纳福神兽。

在故宫参观时，我们会注意到很多古建筑的外墙上都有镂空砖雕。一般每隔一定距离设置一个，有的墙体在底部、顶部各设置一个，而且上下两个砖雕在同一竖直线上。这些镂空的砖雕就是透风。

古建筑后檐墙透风

之所以在古建筑的墙体上安装透风，主要是为了帮助墙体内的木柱防潮、防腐。故宫的古建筑施工工序是先安装木柱柱网和梁架，再砌墙。古建筑的墙体很厚，在墙体与木柱相交的位置，墙体往往会把柱子包起来。

柱根糟朽

封闭在墙体里的柱子，如果不及时采取通风干燥措施的话，很容易产生糟朽。

古建筑山墙上的透风

工匠们在长期施工中，逐渐找到排出柱底潮湿空气的做法，即在木柱与墙体相交处，不让木柱直接接触墙体，而是与墙体之间存在5厘米左右的空隙，同时在柱底位置对应的墙体位置留一个砖洞口，尺寸约为15厘米宽、20厘米高。为美观起见，用刻有纹饰的镂空砖雕来砌筑这个洞口，这个带有镂空图纹的砖就称为透风。

透风主要是为了形成空气对流，使得墙体内的柱子在上下方向都能通风。即空气从底部透风进入，沿着柱身往上流动，尔后从柱顶位置的透风排出。柱子与墙体之间潮湿的空气就被排出去了，柱子也就能始终保持干燥状态。

紫禁城的工匠在长期古建施工中，积累了丰富的透风制作经验。他们不拘泥于仅仅在实体砖上开洞来满足墙体内木柱通风的需求，而且将砖雕做成了丰富多彩的纹饰。这些纹饰的主题内容之一，就是有诸多的吉祥动物形象。

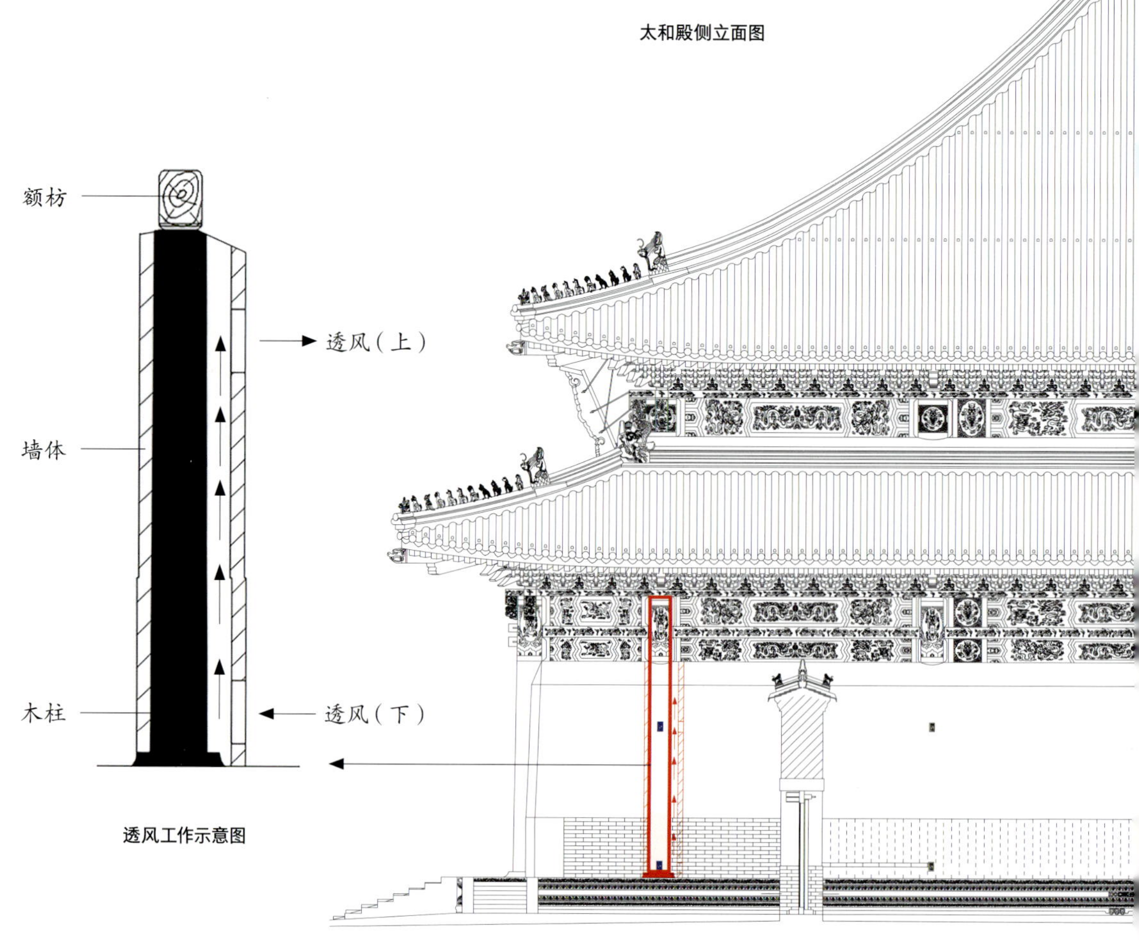

太和殿侧立面图

透风工作示意图

蝙蝠
“蝠”谐音“福”，因而这只飞翔的蝙蝠寓意“福从天降”或“福运到来”。另蝙蝠又谐音“遍福”，因而蝙蝠又寓意福气满满，延绵长久之意。

羊
这只羊身形矫健，左前蹄抬起，欲做小跑状，但又停顿下来，似乎拨弄青草，其间露出一种悠然自得的神情。

狮子
透风刻画的是一只小狮子。它四肢呈八字状打开，张着小铃铛般的眼睛，扭头侧视，尾巴翘起，表情生动，似在与旁边之物玩耍。

孔雀
这似乎是只坐地小憩的孔雀。孔雀是绶带鸟，而“绶”与“寿”谐音，因而孔雀又表示长寿之意。

牛
祥云之下的牛，驻足观望，神采悠然，憨态可掬。

狗
该透风纹饰是绿叶从中的一只小狗，具有浓厚的吉祥寓意。

龙
这个透风上的龙，外形特征与传说中的龙相比，略有简化。工匠通过雕刻方式，把龙神圣威猛的形象塑造出简明欢快的造型，给庄严肃穆的紫禁城建筑增添了一丝生动活泼的气氛。

兔子
兔子在我国古代有着丰富的吉祥寓意。兔子性格温驯，寓意优秀的品质内涵。兔子的听觉灵敏、行动迅速，寓意机敏和幸运。“兔”与十二地支中的“卯”对应，而“卯”即为草木萌芽之意，因此兔子又是生机的象征。

喜鹊
这只喜鹊站在枝头上，一条长尾巴快活地翘起，长长的双翅向上张开，刻画出喜鹊栩栩如生的形象。

影壁上的吉祥动物

故宫内现有十余座影壁，类型丰富，兼具实用与装饰功能。从纹饰内容来看，部分影壁上镂刻着生动活泼的吉祥动物形象，并富有特定的文化寓意。

养心殿东门座山影壁

位于乾清宫西侧的养心殿东门入口处设座山影壁，座山影壁位于厢房的山墙上，上面的小墙帽呈影壁形状，与山墙连为一体。该影壁在遮挡院内景物的同时，又吸引了人们的视线，顿时给人以一种严谨含蓄的感觉。这种影壁吸取了民居建筑艺术手法的精华，在此基础上又使用了华贵的琉璃来建造。养心殿座山影壁有绿色的壁身、五彩的花饰、凤头鸳鸯戏水的影壁芯、汉白玉雕刻的须弥基座，整体十分精致，不仅有别于其他宫院入口的刻板格局，而且还融入宫廷建筑华丽庄严的整体氛围。

养心殿于明代嘉靖年建，位于内廷乾清宫西侧，为皇帝日常理政之地。清代自雍正起到清末，历代皇帝先后在此居住。作为皇帝的寝宫，养心殿入口影壁芯采用的凤头鸳鸯纹饰，有浓厚的爱情寓意。凤头鸳鸯是一种游禽，善于潜水。每逢求偶季节，雄鸟和雌鸟在水中跳起“求偶舞”，或对视高歌，或点头摇摆，婀娜多姿，令人叹为观止。该纹饰反映了清帝王对家室和睦，帝后夫妻彼此恩爱的一种美好愿望。

鸳鸯在我国古代神话传说和文学作品中也代表爱情，其中鸳指雄鸟，鸯指雌鸟。晋崔豹《古今注·鸟兽》有：“鸳鸯，水鸟，凫类也。雌雄未尝相离，人得其一，则一思而死，故曰疋(pǐ)鸟。”此处“疋”为相配之意。

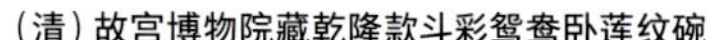

(清)故宫博物院藏乾隆款斗彩鸳鸯卧莲纹碗

养心殿东门座山影壁芯的纹饰为鸳鸯戏水纹

养心殿东门座山影壁

永寿门内一字影壁

永寿门内石影壁

故宫西六宫永寿门内（即永寿宫前）的影壁为石质一字影壁。影壁为明代遗物，高2.58米、长3.06米，五面雕刻，有圆雕、浮雕和线刻等形式。影壁下部为壁座，上部为壁身。壁座为汉白玉材料，饰以典雅的线刻如意图案；壁身周围边框，用汉白玉雕刻成14厘米×14厘米两圈枋子，饰以半浮雕宝相花纹。在两枋之间镶嵌着2厘米厚的汉白玉薄板，上面装饰的浮雕绦环带纹，线条流畅，刀法简练。影壁芯为云南特质的大理石制成，厚约2厘米，镶嵌在周围的边框内。

影壁两端各有一尊面向外、背靠影壁的圆雕蹲兽，其头部的毛发向后飞起，与影壁边框相连。该蹲兽高约90厘米，头上独角，嘴、尾似龙，有两长髯，身披鳞甲，四爪锋利，造型威猛，其形象为麒麟。永寿宫在明代为嫔妃居住场所，如明孝宗的母亲孝穆纪太后曾在这里短暂居住。

永寿门内一字影壁的麒麟像

天一门撇山影壁的飞鹤

位于故宫御花园内的天一门，其两侧为撇山影壁。撇山影壁一般会与大门槽口成120度或135度夹角（此处没有夹角），其主要作用是在门前形成一个小空间，可以做进出大门的缓冲之地。天一门撇山影壁为琉璃须弥座下碱；中心四岔上身，每个岔角有飞鹤（一只）及祥云，装饰以外的空当采用软心刷红浆做法，影壁芯为祥云中飞翔的一对仙鹤，仙鹤一上一下，相向呼应。其上分别为五踩琉璃斗拱及单檐歇山瓦顶。

天一门是钦安殿外围墙的大门，为嘉靖皇帝从事道教活动所建。我国古代道教把鹤认作仙的化身，因而道士也被称为羽士，道士的服装称为“鹤氅（chǎng）”，此处“氅”是指鸟羽制成的外衣。天一门撇山影壁芯的飞鹤像，寓意帝王希冀借助道教“神力”，祈盼能够达到得道升天、长生不死的境界。

飞鹤纹影壁岔角

天一门撇山影壁飞鹤纹影壁芯

天一门 两侧为撇山影壁。

太极殿前木影壁五蝠（福）捧寿

故宫西六宫之一的太极殿，其前身分别为未央宫、启祥宫，清晚期改为现名。明宪宗邵宸妃、同治帝瑜太妃等后妃，曾居太极殿。太极殿前有木质一字影壁一座，其基座为抱鼓石，上身为木搁板、木质影壁芯。影壁芯四个岔角各有蝙蝠一只，中心部位有蝙蝠五只，围绕圆形"寿"字飞舞，寓意"五福捧寿"。岔角与中心之间，为三幅云与蝙蝠组合环绕。

"五福（蝠）捧寿"的图案就是由五只蝙蝠围绕篆书"寿"字组成。《尚书》对五福的记载有："一曰寿、二曰富、三曰康宁、四曰攸好德、五曰考终命。"

（清）同治款黄地粉彩描金五福捧寿纹盘

太极殿前木影壁

太极殿前影壁上的蝙蝠纹像，寓意帝后享有富贵、康宁、积德、善终与长寿的福分，且长寿为其中最重要的内容。

第 4 章

宠物神兽

紫禁城中有种类繁多的宠物，蟋蟀、鸽子、狗、猫等动物，都是明清皇室的心头好。明代多位皇帝喜欢养猫，清代多位皇帝还喜欢养狗。明清时期，紫禁城里养蟋蟀之风长盛不衰；被称为“插羽佳人”的鸽子，亦为帝王娱乐的重要工具。寂寂深宫，这些小动物或多或少地给那些长居于宫墙之内的人们，带来过片刻的温暖与慰藉。

蟋蟀

蟋蟀，又称促织、蛐蛐、夜鸣虫等，属昆虫的一种。雄性的蟋蟀善于鸣叫和好斗，因而在历史上长期有斗蟋蟀的搏戏。而明清紫禁城帝王中，以蟋蟀为宠物、好斗蟋蟀的皇帝不在少数。

明朝好斗蟋蟀的皇帝，以明宣宗朱瞻基为典型。即位时年已27岁的宣宗，日夜在宫中用草棍挑逗蟋蟀，令其互斗以取乐。这种极为平常的民间游戏，在宣宗手中被玩到了极致。据明代沈德符的《万历野获编》记载：明宣宗曾嫌北京一带土质瘠弱，养不出好蟋蟀，便特地派宦官到土地肥沃的苏州去采办优质蟋蟀，还密令苏州知府况钟从中协助。结果江南百姓不得不到处翻墙倒瓦、铲草挖土以寻蟋蟀，不能亲自找寻的，便纷纷出钱抢购，导致蟋蟀的价格猛涨十倍。上好的蟋蟀甚至要十几两黄金才能买到。

故宫博物院藏《齐璜菊花蟋蟀图》局部

故宫博物院藏蟋蟀铜丝罩

（明）故宫博物院藏隆庆款青花云龙纹蟋蟀罐

宣宗对盛斗蟋蟀的笼盒也追求精美和极致，苏州出产的蟋蟀盆上还有精致的人物浮雕，宣宗在宫中所用的则是戗金黑红混漆的蟋蟀盆，盆底铺的是带有锦香气息的褥垫。蟋蟀的伙食待遇则是皇家宫廷内的高级食品“玉粒琼浆”，为常人难以想象。

清入关后，斗、养蟋蟀之风发展到前所未有的兴盛。一方面，许多王公大臣都嗜好斗蟋蟀之戏；另一方面，帝后们也乐于在秋冬多聆听草虫的鸣声，以增加欢乐的气氛。清宫中玩赏蟋蟀主要有两个来源。一是由专人捕捉，贡入皇宫；二是用人工方法培育。

清前期，民间的养虫方法和冬日欣赏虫鸣的习俗已传入皇朝宫廷。于是，每年立秋之时，清宫内务府会立即派人捕捉，各地方也会进贡蟋蟀，再由朝廷认真筛选，精心饲养。康熙皇帝就曾命令清宫内务府奉宸苑在宫中备暖室孵育蟋蟀，以助宫廷设宴时博取大家兴趣。道光、同治、光绪年间，每年元旦及上元节令，乾清宫暖阁设精美火盆，内燃香木炭，周围架子上摆满了蟋蟀、蝈蝈等各类草虫，古人认为成千上万只蝈蝈发出的声音，犹如“万国来朝”，加之殿外爆竹震天，此起彼伏，欢声震耳。

明宣德十年（1435）元月，宣德帝病死，皇位由他年仅八岁的儿子——正统帝朱祁镇继承。为防止朱祁镇玩物丧志，荒废学业，太皇太后张氏发布了命令：“将宫中一切玩好之物、不急之务悉皆罢去，禁中官不差。”（明·陈建《皇明资治通纪》）其中“玩好之物”，主要是指好斗擅鸣的蟋蟀，以及宣德帝下令烧造的各式蟋蟀罐。

斗蟋蟀之风盛行于清朝，王公贵族大多是嗜斗蟋蟀的能手，朝廷还设有专门负责此事的官吏。《前清宫词一百首》中有词曰：“宣窑厂盒戗金玉，方翅梅花选配工。每值御门归殿晚，便邀女伴斗秋虫。”

故宫博物院藏有同治时期一套大、小蟋蟀罐。其中大蟋蟀罐为斗蟋蟀用，小蟋蟀罐为养蟋蟀用。养罐中还有几个特别的附件：瓷牌、小过笼、水槽。瓷牌长8.2厘米、高6.5厘米，在白色釉地上画红线条，用以记录蟋蟀的名字、重量、参加格斗的次数。小过笼长6.5厘米、高3厘米，两侧各有一洞。小过笼通常放在养罐内的一边，雌雄二蟋蟀经常从这里穿来穿去，这也是它们的“洞房”。水槽也放在养罐内，槽内盛水供蟋蟀饮用。

（清）同治红地粉彩松竹梅诗句蟋蟀小罐、瓷牌、水槽、小过笼

罐身前面彩绘松竹梅纹饰及洞石，后面有七言绝句一首：“群芳摇落画凋残，惟有孤根耐岁寒。为道沧洲深雪里，独留苍翠与君看。”

清末代皇帝溥仪三岁进宫登基，早朝时哭闹，太监便会把一个蛐蛐罐递给他玩。他在天津日租界张园隐居时，常派下人给他去“进货”。下人每次去杨柳青，都要买回一两笼蛐蛐，溥仪会挑些大个的试斗，选出最厉害的，取个“金头大王”“银头大王”之类的名字，其余的谁想要便赏赐给谁。

斗蟋蟀也是一种赌博方式，慈禧太后就以赌斗蟋蟀为乐。每逢重阳佳节，正是秋虫繁盛的季节，宫中赌斗蟋蟀的活动便盛况空前。蟋蟀“把式”们通过太监将雄健善斗的蟋蟀呈进给慈禧太后。“把式”又名“把势”，它起源于元代所常见的师傅一语的蒙古语之“八合识”。它有几种不同的写法，又作“八哈失”“巴合失”“巴合赤”“巴黑石”，寓意行家或内行。慈禧赏视后，便赐以嘉名，同时在颐和园召唤王公、福晋、有钱的太监开盆为戏。慈禧太后每年都会在重阳节赌斗蟋蟀的活动中讨得一笔“彩头”。

鸽子

鸽子，又名鹁鸽，是一种羽毛鲜艳、善于飞行的鸟。紫禁城中有专门饲养鸽子的场所，并设有专人管理。

《大明实录 · 大明孝宗敬皇帝实录》有记载："西华门（外）等处鸽子房。"另据《明史》记载，明弘治十五年（1502），明孝宗为节用爱民，放飞了宫廷豢养的西安门大鸽等动物，以减少府库开支。明弘治时期，宫中养鸽场所在西华门外、西安门附近。另据明崇祯时期文人吕毖所撰《明宫史》记载，"曰西安里门，甲字等十库，曰司钥库、鸽子房"，可知鸽子房的位置在西安里门，即今西什库大街稍东。该处位于西华门的西北角，距西华门约二公里。

关于清代紫禁城的养鸽场所，在中国第一历史档案馆收藏的《内务府全宗》中，乾隆三十六年（1771）正月二十六日一条记载，清代宫廷在景山也有饲养鸽子的场所，饲养鸽子 40 只。《清代御制诗文全集 · 清仁宗御制诗三集》卷三十二载有嘉庆的《遂初堂》一诗，中有"乔松荫闲院，驯鸽语回廊"，说明嘉庆年间宫中有驯鸽，其饲养场所位于乾隆花园的遂初堂附近。乾隆朝内廷大学士鄂尔泰等人编纂的《国朝宫史》卷二十一还记载了清代鸽子房管理人员的基本情况，即由仓震门首领管辖，有三名太监负责专门喂养。另金易、沈义羚著《宫女谈往录》，其中"玉堂春富贵"一节记载，慈禧曾在颐和园养了一群鸽子，由专门的太监负责。

紫禁城养鸽的用途比较广泛，除了食用之外，清宫皇室还将这种小动物用于隐晦的性启蒙。鸽子喜好交配，且交配方式与别的鸟类不同，是雌鸽在上、雄鸽在

宫中鸽子的主要食物为谷类。《大明实录 · 大明孝宗敬皇帝实录》卷七十六记载，鸽子"日支菉豆、粟、谷等项料食十石"。其中，"菉豆"就是绿豆。"石"为重量单位，一石约为 6.25 公斤。由上可知，西华门外鸽子房养的鸽子每日所食的粮食就达上百斤。"玉堂春富贵"一节也记载了这些宫廷御鸽的伙食，均为精稻米、绿豆、黑豆、带壳高粱等高级饲料，并有很多不外传的宫廷秘方："时常喂绿茶叶、甜瓜籽。据养鸟的人说，甜瓜籽是鸟的'接骨丹'。"

下。紫禁城的统治者希望通过鸽子等动物发情时的相互追逐、吸引的动作，来隐晦启发皇子的性意识。而且鸽子属于“一夫一妻”，配对后的雌鸽与雄鸽感情专一，生活和睦，永不分离。明代张万钟的《鸽经》载有“鸽雌雄不离，飞鸣相依，有唱随之意焉”，称赞鸽子是忠贞之鸟，这也是宫廷皇子情感教育的重要内容。

清代文人抱阳生所撰《甲申朝事小纪》“禁御秘闻三十四则”中如是记载：“国初，设猫之意，专为子孙生长。深宫恐不知人道，误生育继嗣之事。使见猫之牝牡相逐，感发其生机。又有鸽子房，亦主此意也。”这也可说明宫廷内养鸽子的初衷。

宫中饲养鸽子的另一重要用途是赏玩，赏玩用的鸽子多属观赏鸽品种。观赏鸽有着优美的体态和艳丽的羽毛，深受帝后喜爱。《鸽经》载有“诸禽鸟中，惟鸽子五色俱备”，认为在各种鸟类中，只有鸽子五色俱全。明末清初史学家查继佐所撰《罪惟录》卷三十二之“宣德逸记”有明宣德帝好玩养鸽子的记载：“（宣德帝）尤爱促织，亦豢驯鸽。”故宫博物院藏清人绘《鸽犬图》，其中的两只鸽子色彩分明，形象栩栩如生。

（清）故宫博物院藏《鸽犬图》

清代紫禁城内也饲养了不少赏玩用的鸽子。故宫博物院藏有一套《鹁鸽谱》，是清康熙时期的宫廷画师蒋廷锡，依照宫中赏玩鸽子的造型所绘。《鹁鸽谱》分为上下两册，合计40开，每开分左右画页，各绘制形象逼真、品质上乘的雌雄鸽一对。《鹁鸽谱》反映了康熙对观赏鸽的喜爱。

紫眼焦灰

黑鹤秀

杂花玉翅

黑靴头

道光帝和慈禧太后也都很喜欢赏鸽。道光十年(1830),道光帝命宫廷画师沈振麟、焦和贵参照蒋廷锡《鹁鸽谱》的样式,绘制了一套《鸽谱》,共计20开,每开绘制有鸽子两只,绘法与蒋廷锡颇有相似之处,收录宫中各种珍奇名贵的鸽子品种,如银尾瓦灰、缠丝班子、四平等。

关于火戏中的鸽子表演,清代赵翼的《檐曝杂记》载:"清晨先于圆明园宫门列烟火数十架……每架将完,中复烧出宝塔楼阁之类,并有笼鸽及喜鹊数十在盒中乘火飞出者。"乾隆帝的《燕九灯词》亦有:"吐雾兴云成指顾,噀蜂化鸽祇斯须。"

紫禁城内的鸽子也丰富着皇家的娱乐生活,如鸽哨、射柳、火戏等。在重要活动中放飞群鸽,往往会产生奇特的效果。

所谓鸽哨,即是由竹、苇、葫芦等材料制成的哨子,系在鸽子脚部。鸽子翱翔于蓝天时,鸽哨受风力作用而发出或高或低、或抑或扬的声音,形成一种特殊的音效。鸽哨在我国已有千年以上历史,至清代,鸽哨的制作水准已经达到较高的程度。清代富察敦崇的《燕京岁时记》中,记载了不同种类的鸽哨:"三联"(三个哨子)、"五联"(五个哨子)、"十三星"(十三个哨子)等,可产生"五音皆备""悦耳陶情"的效果。

射柳原为古人用弓箭射柳枝的活动,明清时期,射柳发展成为与鸽子有关的娱乐。明永乐时期,宫中射柳游戏的做法是将鸽子放在一个葫芦里,葫芦被悬挂在柳树上,参与者

银尾瓦灰

四平

缠丝班子

射裂葫芦，葫芦中的鸽子飞出。谁射中的葫芦里面的鸽子飞得高，谁就取胜。不仅如此，鸽子脚部系有鸽哨。鸽子飞到空中时，鸽哨可发出清脆的声音。而当游戏者接连射中葫芦时，则不断有鸽子飞出，产生连绵不断的鸽哨声，增加了游戏的趣味性。

> 空钟者以竹木为之系于鸽尾，
> 鸽飞空中则冲风而鸣，
> 泠泠然如清夜霜……
>
> ——《冬夜闻空钟》乾隆帝

火戏，是指正月十五燃放烟花的娱乐活动。清代元宵节前后，帝后的重要娱乐活动之一便是在圆明园观看烟火。这些烟火盒子里事先放有飞鸽，烟花燃放时，伴随着烟火形成的缭绕云雾，鸽子从盒中争先恐后地飞出，可以想见夜空中花火与群鸟齐飞的壮观场面。

狗

明清时期，紫禁城里的狗或为帝王狩猎的助手，或为消遣的玩伴；故宫博物院成立之后，宫中的狗则成为紫禁城的护卫。

狗是人类忠实的伙伴，以狗为宠物，在古代并不鲜见。故宫在明清时为帝后居所，无论帝王还是后妃，很多人都有自己的爱犬。两朝皇室对狗的偏好也有所不同，明朝的皇帝多养细犬，清朝的皇帝则更偏爱哈巴狗。细犬是我国土生的猎犬，原产地以山东为主。细犬的头长而狭窄，颈部细长，身形苗条，四肢长而富有弹跳力。

清代皇帝对狗的宠爱更胜前朝。朝鲜官员李民寏在《建州见闻录》中记载，清太祖努尔哈赤曾下令全国禁止杀狗，并把狗作为崇拜的图腾之一。

（明）《四犬图》 佚名
画上绘有四只宫廷猎犬在牡丹花下休憩，右边最显眼的猎犬就是细犬。细犬奔跑能力强、耐力好，具有较强的狩猎及护卫能力。

宣德帝爱狗

明朝的永乐、宣德、崇祯皇帝都爱狗。宣德帝朱瞻基绘有《双犬图》，现藏于美国华盛顿赛克勒美术馆。这两只细犬，一只名为“赛虎”，另一只名为“赛狼”，均是其祖父永乐皇帝朱棣赠送。朱瞻基每次随祖父打猎，总离不开“赛虎”和“赛狼”。这两条爱犬不但极通人性，而且十分骁勇，每当发现猎物，总是奋不顾身地冲在前面，直到主人把猎物捕获，方才罢休。在一年秋天狩猎捕虎时，两只御犬为救主人不慎被猛虎咬死。于是朱瞻基于丁未之秋提笔画下这两条心爱义犬的形貌，题名《双犬图》，挂在宫中，以表怀念之情。

（明）《双犬图》 朱瞻基
生动描绘了两只细犬，一只俯首嗅花，一只昂首远眺，造型生动俊美，笔触温和典雅。

雍正帝爱狗

雍正皇帝在养狗上也颇费心思。据清宫内务府造办处档案记载，雍正在位期间，曾多次传旨为自己喜欢的小狗做狗窝。雍正三年（1725）九月四日，雍正传旨做狗窝两个，里外吊氆氇（一种藏族毛织品），下铺羊皮。该任务由造办处下属专门制作木制用品的木作承接。雍正五年（1727）三月四日，雍正又传旨做圆狗笼一件，直径二尺二寸（约0.7米），四围留气眼，要两开的。该任务由清工部下属专供宫廷皮革用品制作的皮作承接。雍正六年（1728）二月四日，太监王玉交来做好的竹胎红氆氇面、白氆氇里小圆狗笼一个，内附白毡垫一件、蓝布垫子一件。雍正看后非常满意，立刻传旨再做同样狗笼一个。这些狗笼制作精美、细节考究。雍正是清代极其勤奋的皇帝，其执政13年里，白天与大臣处理朝政，晚上还要批阅大量奏折。现存雍正朱批奏折，光汉文的就至少有35000件。如此日理万机之皇帝，竟然能抽出时间，亲自督办“制作狗窝”这种普通太监事务，可见雍正皇帝对狗的喜爱。

不仅如此，这位颇富生活情趣的帝王还喜欢给自己的爱犬做“COSPLAY”造型。据清宫内务府造办处档案记载，雍正元年(1723)七月六日，雍正曾下令给自己的爱犬“造化”做麒麟服、老虎服各一件，做狮子服两件，且要求用鼠皮做，该任务由内务府中专门做各种杂项活计的杂活作承接。雍正五年(1727)正月十二日，雍正又命杂活作给“造化”做纺丝软里虎套头一件，给另一只爱犬“百福”做纺丝软里麒麟套头一件；同年二月二十日，又传旨说原先做过的麒麟套头又大又硬，需要改小，并且要在里面增加棉花软衬。雍正七年(1729)正月初九，他又因杂活作给“造化”做的虎皮衣太硬，再下旨要求匠人重做一件质地更软的。同年九月二十五日，太监雅图交来虎皮狗衣一件，麒麟狗衣一件。雍正看后，认为虎皮衣上托掌不好，狗衣上的纽袢钉得不结实，责成皮作重新制作，并加做猪皮狗衣一件，豹皮狗衣一件。

雍正皇帝品味雅致，颇有生活情趣。故宫博物院藏的《胤禛行乐图册》中有“刺虎页”。画中的雍正身着西装，头戴假发，手持叉子，准备刺向出洞的老虎。有研究者分析，雍正此种造型主要是为了模仿当时欧洲流行的“扮装舞会画像”。

(清)《胤禛行乐图册》之“刺虎像”

(晋)故宫博物院藏青釉狗圈

乾隆帝爱狗

乾隆皇帝也非常喜欢狗。故宫博物院珍藏着一幅乾隆年间宫廷画师艾启蒙绘制的《十骏犬图》。艾启蒙是波希米亚人，于乾隆十年（1745）来到中国，师从著名的宫廷画家郎世宁，将西方绘画技法运用于宫廷绘画中。艾启蒙绘制的“十骏犬”，均是乾隆喜爱的细犬种，以其毛色、形貌等不同特点，各有颇为风雅的名号：漆点猣（zōng）、霜花鹞、睒星狼、金翅猃、苍水虬、墨玉螭、茹黄豹、雪爪卢、蓦空鹊、斑锦彪。这种狗的头小嘴长，颈系项圈（有的还系有红绸），身形矫健，皮毛结实，四肢有力，姿势各异，极其引人注目，凸显了西方素描技法的写实感。每幅画的背景均为东方绘画中常见的山水、树木，又能体现出中国画的特色。每幅画以对开页形式呈现，右侧为绘画内容，左侧为清代官员汪由敦、梁诗正的题赞。

漆点猣

“猣”是对犬生三子的称呼。据《尔雅·释畜》记载，生三子的狗称为“猣”，生二子的狗称为“师”,生一子的狗称为“玂（qí）”。画中的漆点猣体色棕黄，四肢毛色灰白，前腿微屈，后腿略绷直，尾巴翘起，有准备一跃而起之意。

1

2

3

4

1 霜花鹞

“鹞”又被称为鹞鹰、鹞子，是一种外观像鹰的凶猛的鸟。图中的狗毛色如霜花白，身形矫健如鹞鹰，不免令人联想到它是捕猎的高手。霜花鹞由科尔沁部落的台吉（蒙古贵族封爵名）丹达里逊进贡。

2 金翅猃

“猃”意为长嘴的狗。图中的狗身材细长，皮毛呈棕黄色。其立于树下，头微侧，一只后腿屈伸向前做挠头状。这种姿势使得发达宽阔的腿根部肌肉得以呈现，其外观犹如雄鹰展出的翅膀。金翅猃由科尔沁部落的台吉丹巴林亲进贡。

3 睒星狼

“睒”为闪烁之意。图中的狗体形如狼，伏于山石之上。其抬头微目，眉宇间透出灵气，眼神中有警惕之意，给人以威慑感。睒星狼由科尔沁部落的台吉丹达里逊进贡。

4 苍水虬

“虬”是古代神话传说中有角的小龙。图中的狗毛色为青灰，做边行走边回首状，其凸出的双耳配以矫健的体态，恰似一条前行的虬龙。苍水虬由大学士富察傅恒进贡。

1

1 墨玉螭
“螭”是没有角的龙。图中的狗毛色黑如墨玉，俯首翘尾，做边走边嗅状，似乎在探测前方的未知信息。其头部前伸，双耳后耷，在某种程度上与螭龙有相似之处。墨玉螭由侍卫班领卫华进贡。

2 茹黄豹
“茹黄”在古代指良犬，《吕氏春秋》有“荆文王得茹黄之狗”之说。图中的狗毛色呈柔和的黄色，做前行并侧视状。其舒展的躯干与伸长的尾巴组成敏捷的身姿，如同在深山中行走的猎豹。茹黄豹由工部侍郎三和进贡。

3 雪爪卢
“卢”意为黑色。图中的狗毛色为黑，但四爪呈银白色。其做行走状，伴随着犀利的眼神和矫健的身形，并呈现出非凡的气势。雪爪卢由准噶尔部落的台吉噶尔丹策零进贡。

2

3

蓦空鹊

“蓦”意为突然，“鹊”即为喜鹊。图中的狗躯体呈白色，头尾为灰黑色。其伏于地上，头靠在两只前爪上，眼神中充满敏锐，似乎随身准备起身扑向前方，身形犹如欲张翅飞翔的鹊鸟。蓦空鹊由和硕康简亲王巴尔图进贡。

清朝晚期，王公贵族享乐之风日盛，宫廷之中虽然仍循旧制对犬类十分敬重，但也时常将其作为解闷的玩物豢养取乐。宫廷画家贺世魁于道光十四年（1834）绘制《喜溢秋庭图》描绘了帝王家庭其乐融融的生活画面：道光帝与全皇贵妃坐在凉亭中休憩，凉亭台阶之上，四阿哥奕詝和寿恩固伦公主正给脚下两只打闹的哈巴狗伸臂助威；亭下阶前的甬路上，六阿哥奕訢与其母静贵妃正欲往皇帝身边，奕訢则回身欲跑，似要去逗弄直立而起的哈巴狗，稚气贪玩的形象跃然纸上。从《喜溢秋庭图》中所绘的场景看，此时宫内养犬之风颇为盛行，各类珍贵名犬已是帝妃及王孙公子们的宠物。

（清）《喜溢秋庭图》局部

斑锦彪

“斑锦”意为优美的花纹；“彪”是一种类似老虎的动物，体形较小，与金猫接近，脸上布满美丽的花纹，昼伏夜出，性情凶猛。图中的狗有着美丽的斑锦纹，其蹲坐在山石上，姿势优雅，但又不失飒爽的英姿，身形犹如一只威武的小老虎。斑锦彪由大学士富察傅恒进贡。

> 乾隆皇帝自诩为“十全老人”，曾自我总结一生有“十全武功”：“予临御六十年中，大武远扬，如平准噶尔二次，平回部一次，扫金川二次，靖台湾、降安南、缅甸各一次，定廓尔喀二次，十奏肤功，向曾为十全记，以纪其事。”（乾隆《御制诗初集》）因此“十骏犬”也有“十全十美”的寓意。

这“十骏犬”深得乾隆皇帝的喜爱，背后还有深厚的政治寓意。一方面，清朝皇帝每年都有带领王公大臣、八旗精兵狩猎的习惯，通过这种活动来培养军队的军事作战能力。帝王围猎时，牵细犬随围进哨，以助围狩猎物，使得皇帝能捕获更多的猎物，因而“十犬”也寓意其军事作战能力的提高。另一方面，“十骏犬”多为外藩部落进贡，而乾隆帝命宫廷画师将这些骏犬的形象画下来，不仅象征着大清对外藩的控制，也彰显了乾隆帝统一四方、驾驭边疆各个部落的政治影响力。

溥仪爱狗

末代皇帝溥仪对狗的宠爱到了近乎病态的程度。他从外国画报上看到洋狗的照片，就叫内务府向国外买来，连同狗食也要由国外定购；狗生病了请兽医，比给人治病用的钱还多。除了用以防身，他养狗更多是用于消遣。深宫无聊，又无人管教的溥仪驱使恶犬，干出过很多荒唐事。溥仪逊位后，在内廷养了不少狗。他从中挑出两只专门经过训练的狼狗，一名狒格，一名台格。这两只狼狗非常听话，脾性又很凶猛。年幼的溥仪常用这两只狗来吓唬太监。最过分的一次，溥仪看见太监正往养心殿送茶点，就悄悄做了个手势。这两只恶犬立刻猛扑向太监，无辜的小太监被吓

溥仪、润麒（溥仪的小舅子）和溥仪的狗在养心殿院落内合影

“龙狗”

溥仪逗狗

有一次，无所事事的溥仪听说太监信修明养了一只叫“龙狗”的小狗，虽然个头小，但打架很是厉害。于是，溥仪亲自牵着二十多条大狗找到信修明的住处，来进行挑战。结果谁也没有想到，这些大狗全部被小“龙狗”咬得夹尾而逃。信修明在《老太监的回忆》（北京燕山出版社，1992 年版）之“宫狗”一节中，还提及此事，说溥仪看到自己的狗战败之后，不仅没有发火，还对“龙狗”称赞不已。

清）《九犬图》

得摔倒在地，膝盖上都磕出了血，衣服也被狼狗咬破。太监刚站起来，这两只狗又分别咬住太监的双肩，张牙舞爪地对着太监汪汪乱叫。太监吓得连忙高喊“万岁爷饶命！”溥仪却自以为是地露出得意的表情。

溥仪还有一个怪癖——看豢养在宫中的狗和公牛相斗，百看不厌，引以为乐。一次，公牛打不过群狗，忽然失控跑出宫门，奔向长安街，后面的群狗紧追不舍。太监们吓得惊慌失措，试图控制公牛，但几乎被踩死。荣惠皇贵太妃闻讯后，惊慌失措，请溥杰传话给溥仪的奶奶刘佳氏，请她规劝溥仪不能再做此事。荣惠认为，在预言奇书《推背图》中，牛象征清朝；群狗咬牛，对清室而言并非吉兆。后来，刘佳氏找到溥仪，对他进行了劝诫。溥仪虽然没有听明白，却被奶奶的苦心所打动，中止了这个威胁社稷的游戏。

后妃爱狗

宫中后妃也爱狗。故宫博物院藏有一幅《九犬图》，为清代宫廷画家黄际明、李廷梁绘制，画中绘有九只栩栩如生的宫廷哈巴狗，上方钤“端康皇贵妃御览之宝”。端康皇贵妃即瑾妃，为光绪三位后妃之一，即珍妃的姐姐。瑾妃姿貌平平，性情低调谦和，于宫中泰然无争，养狗便成了她闲暇寂寞时寄情的一种方式。《九犬图》中的九只小狗都有名字：墨子、墨球、栀子、小横、松子、墨匙、狮子、小点和墨牡丹。这些宠物狗均属于宫廷哈巴狗，毛色或黑或白，毛发柔顺，每只都被精心打扮过，有的脖子上系有漂亮的绸带，有的头上束有精致的小辫，显得憨态可掬，格外精神。它们或立或蹲，神情怡然，一眼看去便知是被主人精心照料着。尔虞我诈的宫廷生活中，唯有狗才值得信赖，唯有狗才能给她带来快乐。

慈禧爱狗

清朝还有一位统治者爱狗，这个人就是慈禧，她对狗的宠爱超过了紫禁城中的其他任何一位帝王。慈禧一生经历了道光、咸丰、同治、光绪四朝。其间她两次决定皇室命运，两次发动政变，三次垂帘听政，统治中国几达半个世纪之久，成为中国近代史上显赫一时、影响至深的重要人物。作为帝制时代少数长期当政的女性，慈禧太后政治手腕精明干练，在生活中，她对小狗却充满爱心。

慈禧曾在紫禁城后花园中养了一千多只狗，它们大多是哈巴狗，被称为“御犬”。哈巴狗是京巴犬的别称，中国本土的犬种，约四百年前在中国培育，经由荷兰传到欧洲，后来在英国培育改良而成为目前的品种。

慈禧给自己养的每一条狗都取了名字，比如，“黑玉”是一只毛色很纯的黑色母狗；“乌云盖雪”是一只全身乌黑，只有四条腿雪白的公狗；“黑玉”与“乌云盖雪”产下四只狗宝宝，其中一只额头中间有一块白斑，因此得名“斑玉”。深黄色和棕黑色相间颇似虎皮的叫“小虎”，另外还有脑袋和脖子上都长着大团银色毛，其他地方毛色棕黑的“海龙”，等等。在档案中记载，“海龙”最受慈禧宠爱，慈禧不论到哪儿都要抱着它，连饭食都要经过亲自检验。慈禧太后能清楚记起每只小狗的名字，无论见了哪只，都可以唤出它的名字来。她有四只毛色黑中带灰、灰中带紫的狗，俗称龟狗壳，也是哈巴狗的一种。它们的身材和毛片都长得很相像，常人极难区别，但慈禧太后却早就给它们起了四个雅致的名字：秋叶、琥珀、紫烟、霜柿。曾担任慈禧御前女官的裕德龄，撰有《清宫禁二年记》。书中写道：“有一犬，太后爱之极笃。彼之所至，犬必随之，犬诚驯良，余未之前见。太后以其美，名之曰海獭。”

除了这些小狗，慈禧还尤其钟爱一类异型狗，这种狗共有四只，它们的身体小到可以托在掌中，甚至能将其藏在衣袖里。慈禧爱其毛色美丽，性格可爱讨喜，分别给它们起了贴切的爱称：白的叫“雪球”，略带紫色的叫“雨过天晴”，灰色的叫“风”，银灰色的叫“月亮”。

慈禧不仅爱狗，而且深谙养狗之道，能把狗训练成自己喜欢的样子。她认为狗的口、鼻要翻过来才好看。为了达到这种效果，她让太监们在棍子上绑一块肉或肉皮，把棍子拿高去逗狗，狗想吃肉就会去够，不停地用嘴去舔、向上顶，久而久之嘴就会变宽，鼻子也会翻过来。为了让狗的尾巴上卷，慈禧安排太监在小狗初生时截去尾巴的末节。为了让狗的耳朵下垂，会在小狗生下来之后，用一种粘胶，将它的两个耳朵的尖端粘在一块小石子或几个制钱上，吊半个月或20天才除去。

慈禧还很重视训练小狗的各种技能，如打圈子、作揖等。下朝之后，每当慈禧来看她的爱犬时，太监会先让这些小狗做打圈子、直立的动作。等所有的狗全站直了，太监还会再喊出最后一个口令：“给老佛爷拜拜！”于是，这些小狗就同时乱叫起来，并把它们的两条前腿合拢在一起，上上下下地摇着，做出作揖的样子，逗慈禧开心。

养狗处隶属内务府，其外署设在东华门外南池子路西。内署称为“狗房”，原在东华门内，嘉庆年间移至东华门外长房。养狗处由事务大臣监管，狗的用具极为豪华奢侈。慈禧的御犬住处被称为“御犬厩”，用竹片搭建成一座缩小版宫殿，设太监专门管理。负责管理御犬的专职太监有四位，一位主管，三位帮办。他们虽然名义上是御犬的管理者，实际上

裕德龄的另一本书《御香缥缈录》（又名《慈禧野史》，辽沈书社，1994年版），其中的“御犬厩”一节，详细地描述了慈禧养狗的细节。如为了让狗具备“好身材”，慈禧曾亲自向裕德龄介绍过：“一头哈巴狗在渐渐长大的时候，第一不可给它多喝水，要是水一多喝，它的身子便会长得太细太长了；第二不可多给它吃牛肉或猪肉，否则它的身子就会变得太粗太短了，又是不好看的。所以它们的饲料必须配合得十分适宜。”

故宫博物院藏清宫老照片之哈巴狗

却是在侍奉，哪里敢轻易打骂御犬一下，只能是小心翼翼地侍候周全。平时宫里的太监遛狗，不是人牵着狗，而是狗牵着人，任由狗随处转悠，太监们丝毫不敢得罪。这些金贵的小狗若有半点闪失，太监们就会被严厉问责。

1908年11月15日，慈禧太后在北京去世。葬礼上，走在队伍最前面的是太监总管李莲英。李莲英怀中抱着的，正是太后生前最喜爱的小狗“牡丹”。

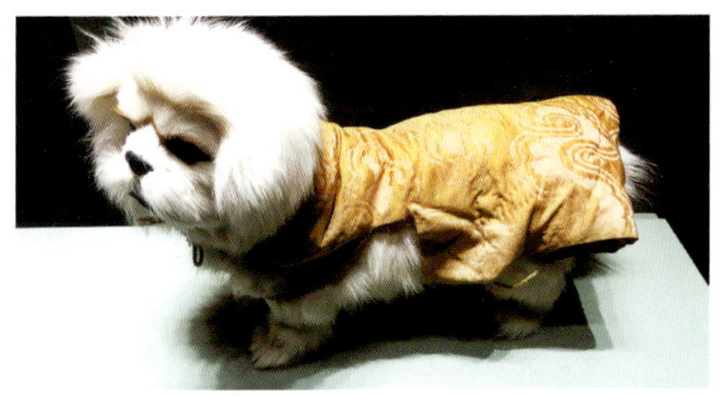

（清）黄色云纹缎犬衣
慈禧为爱犬定制的黄缎犬衣，显示出皇家爱犬的尊贵身份。

紫禁城中的御犬一日三餐以吃牛羊鹿肉为主，喝的是鸡鸭鱼汤。清代宫廷专门设立了养狗处，据《清史稿》记载：“管理养鹰狗处大臣，无员限……养狗处统领二人。蓝翎侍卫头领五人，副头领十人，六品冠戴九人。七品一人。笔帖式六人。”

裕勋龄为慈禧拍摄的第一张照片

裕勋龄是大清皇宫的首位御用摄影师，现存的慈禧照片全部由他拍摄。勋龄为慈禧拍摄的第一张照片是她在颐和园乐寿堂前的留影。当时天气晴好，慈禧一行正准备起驾前往仁寿殿，当太后的仪仗步入庭院时，勋龄已携带着笨重的照相设备等候在那里了。底片冲洗好后，慈禧迫不及待地将之拿回自己的房间欣赏，也就是我们今天所看到的照片。照片中的慈禧太后位于正中，一大群太监及后妃、宫女们前呼后拥，大总管李莲英、二总管崔玉贵在前开路，地上趴着的正是那条备受她宠爱的长毛狮子狗——“海龙”。

八国联军攻陷紫禁城后，慈禧化装成农妇仓皇出逃。在这种时刻，她连整座皇宫中最珍贵的珍宝都无法顾及，狮子狗却是万万不能遗落的。她让爱犬们坐在头几批的轿子里，和自己一起离开皇城。无法带走的狗，慈禧下令处死，不让它们落在八国联军手里 。

美国女画家凯瑟琳 · 卡尔

美国女画家凯瑟琳·卡尔（1858–1938）曾在宫中为慈禧绘制肖像。这位女画家在 20 世纪初曾创造了两项空前绝后的世界性纪录：她是唯一在中国宫廷之内连续生活时间最长的外国人，又是唯一为尚健在的中国后妃画过肖像的人。她于 1903 年来华，由美国公使夫人萨拉·康格推荐到颐和园，为慈禧太后画了九个月的肖像。因此，她有机会近距离了解生活中的慈禧，比常人更进一步了解谜一般的太后私密生活。

凯瑟琳 · 卡尔像

据卡尔回忆，慈禧有一些漂亮的北京哈巴狗和斯凯梗犬。这些哈巴狗是精心培育而成的良种，皮毛上的斑点对称，光滑的长毛漂亮极了，而且异常聪明。太后最喜欢的狗有两只，一只是斯凯梗犬，极其聪明伶俐，善于耍把戏。太后平时逗它玩时，只要一声令下，它就躺倒装死，不管有多少人跟它说话，不到慈禧太后亲自呼唤时绝不起来。另一只是淡褐色的哈巴，长着一双水灵灵的大眼睛，对主人忠心不二，很得慈禧得欢心。

在清朝宫廷的九个月里，凯瑟琳·卡尔为慈禧太后完成了四幅肖像。在绘制第二幅肖像时，卡尔希望画的风格更自由一些。于是慈禧决定只穿普通的衣服，不戴满式头饰。这幅肖像只给几个关系密切的人看，因此卡尔建议慈禧把她两条心爱的狗“牡丹”“海龙”也画上去。太后高兴地同意了。她吩咐用"过节的衣服"将"海龙"装扮起来，衣服上的图案是两朵巨大的菊花。太后对画上的两只小狗非常感兴趣，似乎认为这两只小动物画得比自己的肖像更好。慈禧亲睹卡尔仅用淡淡数笔便将二犬画得惟妙惟肖，对其画笔之神妙迅速赞叹不已。目前，除美国国家博物馆和故宫博物院保藏的两幅外，其余两幅带小狗的模板小画至今下落不明。

卡尔绘制的慈禧肖像画，在一些方面参照了摄影师裕勋龄拍摄的照片。据裕容龄的《清宫琐记》(珠海出版社，1994 年版)记载：慈禧曾要求裕勋龄进宫为她照相，照出像来好让柯姑娘(卡尔)照着画。这样一来，卡尔在慈禧摆坐的时间外，以裕勋龄拍的照片为模板，对油画进行修改。比如，油画和一张照片的左手细节一模一样。

《慈禧太后便服像屏》 凯瑟琳·卡尔

照片(上)与油画(下)的左手细节对比

故宫博物院犬王和警犬

故宫博物院成立后，紫禁城由皇家禁宫转变为大众的博物馆。故宫博物院专门成立了养狗的科室，有专人喂养、训练狗，可认为是另一种“宠”的方式；而这些狗主要用于守护紫禁城的安全。其中，不得不提到一个功勋人物，也就是故宫博物院第一代犬王——常福茂。

从20世纪80年代初，常福茂就在故宫工作，最开始在中控室。20岁的常福茂初来乍到，养了一只小狗跟着巡逻壮胆。这就是第一代故宫护卫犬的前身，只不过那时没有编制，不成规模。1987年年初，接到了爱国卫生办公室通知：故宫院内不许养狗，常福茂的狗就被送走了。同年6月，故宫博物院发生了“珍妃之印”盗宝案，护卫犬的重要性凸显出来，随后故宫犬队正式成立，由常福茂负责，他也成了队长。

在故宫的电话号码表上，曾端端正正地印着一个小单位的名称——“狗窝”，后来才改了一个文雅的名字“犬舍”。犬舍的位置靠近原来的西华门，被人称作“大内犬舍”，后来搬到新的地方。故宫的纵深体系，已被区分成防护区、监控区和禁区。而博物馆内，还有技防、人防、物防和犬防四道防线。依照故宫的文物安防规定，白天，所有展厅内的文物安全由开放管理处负责。游客走后，每一展厅里的工作人员都要将自己所属区域的文物清点，并且搜查所有可能藏匿人或物的角落，连消防灭火器的把手、枯井深处和高大展柜的顶端都要一一清查。确定没有异常后，每一区域的所有人再次拉网检查一遍。最后，故宫犬队还要对故宫的各个角落进行搜寻。

常福茂带着御犬巡逻中

曾经的警犬队队部

猫

紫禁城中的猫，生于深宫大院，卧于君王侧，享受着贵族般的待遇，显得异常神秘。故宫里的猫，在明清时期和故宫博物院成立之后，有着截然不同的作用。

明代的故宫猫

嘉靖皇帝像

天启皇帝像

嘉靖皇帝朱厚熜爱猫。据明代官员沈德符《万历野获编》“贺唁鸟兽文字”条记载，嘉靖养的一只狮子猫（属波斯猫种）死了，他非常痛心，下令为这只猫打造一副金棺，将其葬在万寿山上，并为其立碑，碑名为“虬龙冢”。此万寿山在今北海公园琼华岛附近。随后，嘉靖命朝廷官员给这只猫写超度文，时任吏部左侍郎的袁炜写出了“化狮成龙”等语句，嘉靖看后大喜，立刻将其官加一品，升任礼部尚书。

这只猫身为微青色，两眉为白色，皇帝取名“霜（双）眉”。“霜眉”似乎很懂嘉靖的心思，常在嘉靖起身时主动前行带路引导；晚上陪着嘉靖睡觉，一刻也不离开。当我们登上北海公园琼华岛，双脚踩在白塔山坚实的土地之上，已经难寻当年的灵猫墓冢和那一方小小的“虬龙”石碑。这只霜眉何其幸运，于短暂的一生中与帝王结缘，得以在史册留下片语只言，这种命运超过了大多数宫墙之外的普通人。

天启皇帝朱由校亦爱猫。据清代文人姚元之《竹叶亭杂记》记载，天启年间的猫儿房里养了很多宫猫。其中的公猫被称作“小厮”，母猫被称作“丫头”，有的猫还被封官，称作“某老爷”。《万历野获编》补遗“内廷豢畜”中有更为细致的说明：这些猫因为受到天启皇帝的宠爱，在宫中飞扬跋扈，不可一世。它们碰到哺乳期的皇子、公主时，会嗷嗷叫着扑过去，吓得年幼的孩子浑身哆嗦，乳母们却往往敢怒不敢言。可见天启皇帝对猫的骄纵。

清代的故宫猫

清朝的皇帝大多喜欢养狗，但猫依然“宠冠后宫”。《清代文书档案图鉴》中有《猫册》和《犬册》，记载了紫禁城所养宠物猫、宠物狗的名字和生卒日期。令人惊讶的是，这些宠物似乎被看作皇室家庭一员，每个月还有俸银可拿。

著名的《胤禛十二美人图》绢画中，有幅名为《捻珠观猫》。画中仕女于圆窗前端坐，轻倚桌案，一手悠闲地把玩着念珠，正观赏两只嬉戏顽皮的猫咪。此图的取景面很小，仅透过二分之一的圆窗来刻画繁复的景致，但由于画家参用了西洋画的焦点透视法，将远、中、近三景安排得有条不紊，从而扩展了画面空间的纵深感，显得意韵悠长。窗下钟声滴答，近处猫咪玩闹，

（清）《捻珠观猫》

时光便在这似有似无中悄然流逝。《捻珠观猫》中的猫咪，正是雍正后妃打发寂寞空虚时光的玩伴。

也许是因为长期在奢华的宫中过着养尊处优的生活，紫禁城内的猫一只只都显得富态雍容，媚态可掬，作为宫廷画家的艾启蒙自然也不会错过如此绝佳的题材。艾启蒙师从郎世宁，西法中用，很快受到清廷重视，诏入内廷供奉。他通过素描技法，运用解剖学理论，以短细的笔触一丝不苟地刻画出猫雍容的体态和皮毛的质感，具有极强的写实

普福狸

涵虚奴

采芳狸

翻雪奴

妙静狸

飞睇狸

清宁狸

苓香狸

性。艾启蒙绘制的《狸奴影》中，十只御猫灵动的倩影跃然纸上，具有杰出的艺术价值。《狸奴影》内藏十开，绘有十只姿态各不相同的猫咪，以满汉双语分别题录十只灵猫的芳名。这十只猫或雍容华贵，或乖巧喜人，画家将猫儿慵懒而又敏感、独立而又黏人的特性描摹得惟妙惟肖、栩栩如生。

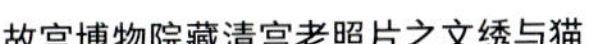

故宫博物院藏清宫老照片之文绣与猫

溥仪的皇妃文绣站在内廷院落中，旁边有一只猫相伴，似乎这只猫是她的朋友、宠物和寄托。

舞苍奴

仁照狸

今天的故宫猫

飞跃宫墙的猫

随着清朝灭亡，紫禁城的身份也发生了巨大的变化，由帝王的居所转变成我国最大的综合性博物馆——故宫博物院，部分宫廷猫也回归到市井百姓之间，在每个善待它们的主人面前时刻准备等着开罐罐。而那些现在依然“驻守”在故宫里的猫，也早已不再是皇家盛宠。如今，故宫博物院有将近两百只猫，有一部分可能就是之前宫廷猫的后代，还有一部分是随着游客溜进来的。这些故宫猫白天供游客参观拍照，晚上充当防鼠捉鼠的“猫保安”，成为故宫中一道独特的风景线。

故宫办公区的猫

故宫办公区的猫

文
景

Horizon

社科新知　文艺新潮

故宫里的神兽
周乾　著

出 品 人：姚映然
特约编辑：陈碧村
责任编辑：王　萌
营销编辑：高晓倩
装帧设计：陈小娟

出　　品：北京世纪文景文化传播有限责任公司
（北京朝阳区东土城路8号林达大厦A座4A　100013）
出版发行：上海人民出版社
印　　刷：北京启航东方印刷有限公司

开 本：787mm×1092mm　1/16
印 张：12.75　　字 数：145,000
2025年4月第1版　　2025年4月第1次印刷
定 价：138.00元
ISBN：978-7-208-19397-0/TU・37

图书在版编目（CIP）数据

故宫里的神兽 / 周乾著. -- 上海：上海人民出版社，2025. -- ISBN 978-7-208-19397-0

Ⅰ. TU-092.2

中国国家版本馆CIP数据核字第2025KB3496号